캠핑카로 떠나는

캐나다 로키 여행

일러두기

1. 책 속에 나오는 지명은 거의 대부분 영어로 표기했다. 여행 자료를 준비하거나 실제로 현지 여행을 할 때 도움이 될 것으로 기대한다.

2. 캠핑카(Camping Car)는 한국과 일본에서만 쓰이는 용어로서 정확한 표현은 RV (Recreational Vehicle)이다. 용어를 처음 접하는 독자들의 이해를 돕기 위해 제목과 앞부분 일부에 캠핑카라는 용어를 병용했다.

캠핑카로
떠나는
캐나다 로키
여행

최병일 지음

도서
출판 니어북스

캐나다 로키에 도착한 첫 날, 예약한 캠핑장 인근에 산불이 발생해 시내 전체가 정전이 되는 비상사태가 발생했다. RV여행이 처음인 나는 정전으로 인해 캠핑장이 문을 닫는다는 말의 실질적인 의미가 뭔지 잘 몰랐다. 캠핑장 예약비를 환불해 준다는 이메일에 속으로는 흐뭇한 미소마저 지으며 일단 예약한 캠핑장에 도착했다. 전기가 없으니 발전기를 켜고 온수를 틀어 샤워를 하고, 장작불에 앨버타산 소고기를 구워서, 제법 괜찮은 캐나다산 와인 한 잔을 곁들여 첫날 밤의 멋진 저녁 식사를 즐겼다.

다음 날 아침, 캠핑장 입구로 물을 채우러 갔더니 국립공원 관리인이 하는 말이 정전이라 물이 안 나오고, 주변의 모든 캠핑장이 폐쇄되었으니 물을 받으려면 85Km를 가야 한단다. 설상가상으로 차의 연료도 별로 여유가 없다. 어쩔 수 없이 물과 연료를 채우기 위해 달려가느라 4시간 넘는 시간을 낭비해야 했고, 결국엔 계획했던 관광명소 두 세 곳을 놓치고 말았다.

RV에 대한 지식이 조금만 더 있었으면, 물을 제대로 관리했으면 소중한 시간을 그렇게 낭비하지 않았을 텐데 하는 아쉬움이 참으로 컸다. 평소 막연하게나마 캠핑카 여행 가이드북을 한 번 써보고 싶다는 생각은 하고 있었지만, 이 일로 인해 나는 그 생각을 더욱 굳히게 되었다.

RV 여행은 여행의 꽃이다. 패키지 여행, 도보 배낭 여행, 렌터카 여행 등 모든 여행 중에서 단연 으뜸이다. 세계 최고의 여행지 중 한 곳인 캐나다 로키 역시 RV를 끌고 해야 제 맛이다. 캠핑장 시설, 주차 사정 등 모든 것이 캠핑카 여행에 최적화되어 있기 때문이다.

그런데 그 먼 곳까지 가서 승용차도 아니고 RV를 빌려 여행을 한다는 것은 어쩐지 상상 속의 일, 남의 일처럼만 느껴진다. 왜 그럴까? 캠핑카 여행이 아직 생소한 탓에 막연한 두려움 내지는 거리감을 느끼기 때문일 것이다.

여행을 마치고 돌아와 서점에 가서 RV에 대한 책을 찾아보았다. 폼나게 RV를 운전하며 멋진 여행을 마치고 돌아와 쓴 여행기는 몇 권 있었지만 RV에 대한 구체적인 사용법을 기록한 책은 거의 없었다.

RV로 여행을 하려면 사전에 알아야 할 것과 준비해야 할 것이 제법 많다. 예컨대 차에는 어떤 것들이 갖춰져 있으며 나는 무엇을 준비해야 하는지, 차내 설비는 어떻게 작동하는지, 차는 어디서 빌리며 캠핑장은 어떻게 알아보고 예약하는지 등이다. 이런 것들에 대해 충분히 알고 떠나면 오래도록 추억에 남는 멋진 여행을 할 수 있다. 그야말로 RV 여행의 참 맛을 느낄 수 있다.

하지만 그 반대의 경우에는 어떨까? RV를 빌려 여행하는 것이 별 것 아니라고 생각하는 사람도 있겠지만, 사실은 사전에 치밀한 준비를 하지 않으면 많은 시행착오를 겪게 되고 심하면 여행을 망칠 수도 있다. 아는 만큼 즐길 수 있고 준비한만큼 편하고 경제적으로 여행할 수 있는 반면, 모르면 돈과 시간과 몸으로 때워야 한다.

내가 캐나다 로키를 여행하면서 느낀 점 중 하나가 그동안 깨우친 사실을 혼자만 알고 있기에는 너무 아깝다는 것이었다. 그 즐거움을 다른 사람과 공유하고 싶다는 강한 유혹에 이끌려 책을 써야겠다는 마음을 먹었다. 아니, 유혹을 넘어 어쩌면 약간의 의무감 비슷한 걸 느꼈다.

인터넷에 올려진 글들을 보면 도움이 되는 자료들이 물론 많지만 정확하지 않은 내용도 적지 않다. 글을 쓴 사람이야 자신이 쓰는 글이 다 맞다고 생각하며 썼겠지만 알고 보면 잘못된 정보도 꽤 있다. 그런데 그런 일부 부정확한 자료를 사실이라고 받아들이는 독자들도 있으리라는 데 생각이 미치면 때론 안타깝기도 하다. 나는 그런 일만큼은 피하고 싶었다.

이 책에서는 '캐나다 로키 여행기'(PART I)와 '캠핑카 100% 활용법' (PART II)이라는 두 가지 주제를 동시에 다루고 있다. 이론에 해당하는 RV 활용법과 이를 실전에 적용하는 여행기가 꼭 필요했다. 하지만 이 두 부분을 자연스럽게 엮어내는 것이 생각만큼 쉽지 않았다. 어떻게 하면 군더더기는 빼고 꼭 필요한 내용만 담을까에 대해 많은 고민을 했지만 여전히 아쉬움이 남는다.

술술 읽히는 책을 쓰는 것을 목표로 시작을 했건만 재주가 부족한 탓에 여간 어려운 일이 아님을 실감한다. 내용 중에 전기와 기계 설비 관련 부분, 그리고 마이크로소프트 엑셀 등 다소 어렵게 느껴지는 부분이 있다면 가볍게 읽고 넘어가 주기 바란다.

여행 중의 기억을 떠올리고, 휴대폰에 수시로 기록한 메모를 들춰보고, RV 제작회사에서 제공한 두툼한 매뉴얼을 정독하고, 때로는 인터넷 자료를 찾으며 정확성을 높이기 위해 많은 노력을 기울였다. 이로 인해 내용 중 일부는 지나치게 기술적이고 자세한 사항까지 다루지 않았나 싶은 생각도 들지만 그런 점이 이 책이 지닌 특징이기도 하다.

부족한 점이 많음을 인정하지만 그럼에도 불구하고 많은 독자들이 읽어 주면 참 좋겠다. 이 책을 읽고 나서 "이제 보니 나도 충분히 RV를 끌고 여행할 수 있겠네, 뭐!" 하는 생각을 갖게 된다면 더 없는 보람이겠다.

끝으로 부족한 이 책이 세상에 나오기까지 도움을 주신 분들께 깊은 감사의 말을 전하고싶다.

아내는 '특별한 일주일' 동안 동반자로서 고락을 함께하면서 부족한 나의 감수성을 일깨워 주기도 하고, 여러가지 멋진 아이디어를 내는 등 큰 힘이 되어주었다. 여행에서 돌아와서는 읽기 쉬운 글을 쓰도록 자극을 주고 멋진 제목을 뽑아주려고 갖은 애를 썼다.

내가 천재라고 부르는 친구 배광호는 처음으로 책을 쓰는 내가 중간에 포기하지 않도록 격려하고 용기를 불어넣어 주었으며, 흐름이 자연스러운 글이 되는 데 많은 도움을 주었다.

또한 니어북스의 유영택 대표는 책의 전체적인 틀을 새로 짜는 것부터 문장을 다듬는 일까지 헌신적인 자세로 밀고 끌어 주었다.

세 분을 비롯하여 도움을 주신 여러분들께 진심 어린 감사를 드린다.

2023년 5월
최병일

Chapter 2. 우리가 방문한 관광명소들

PART II RV 여행의 알파와 오메가

PART I

길 위에서

(On the Road)

Chapter 1.

우리 부부의
캐나다 로키 여행 기록

왜 캐나다
로키인가?

2022년 4월 어느 날, 두 달 간의 미국 동남부와 캐나다 여행을 준비 중인
내게 아내가 묻는다.

"우리 이번에 Banff도 가나요?"

"Banff? 거기가 어디지?"

부끄럽게도 당시만 해도 난 Banff가 어딘지 몰랐다.

"알고 보니 진짜 월드클래스 관광지네. 갑시다!"

우린 캐나다 로키를 여행지에 추가하고 다시 스터디를 시작했다.

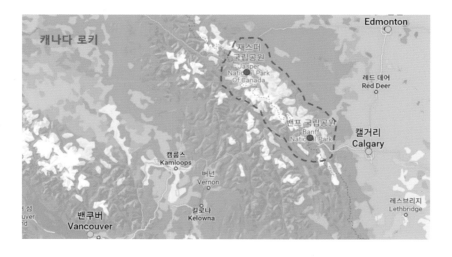

며칠후 아내가 다시 얘기를 꺼낸다.

"우리 이번에 RV 여행 한 번 해봐요."

"어, RV? 자신이 없긴 한데 당신이 원하면 함 해보지 뭐!"

태어나서 처음 해보는 우리의 RV 여행은 이렇게 해서 시작되었다.

캐나다 로키|Canadian Rockies

북미 대륙의 서쪽에 있는 로키산맥의 캐나다 부분을 일컫는 말이다. 캐나다 서부 앨버타Alberta와 브리티쉬 컬럼비아British Columbia 두 주의 경계를 이루는 곳에 위치한 Banff, Jasper, Yoho, Kootenay 등 4개의 국립공원으로 구성되어 있다.

광활한 땅에 만년설로 뒤덮인 높은 산들, 끝없이 펼쳐지는 전나무/가문비나무 숲과, 거대한 빙하가 녹아 만들어진 맑고 푸른 에메랄드빛 호수들이 도처에 널려있으며, 다양한 야생동물들이 서식하고 있어서 세계에서도 손꼽히는 인기여행지이자 가히 여행의 로망으로 불리는 곳이다.

주요 볼거리는 남북으로 이어진 Banff와 Jasper 국립공원에 밀집해 있다. Banff와 Jasper 타운 주변을 비롯하여 Banff - Lake Louise를 연결하는 Bow Valley Parkway와 Lake Louise - Jasper를 연결하는 Icefield Parkway 주변에 볼거리들이 많다. 이 두 길을 중심으로 펼쳐지는 빽빽히 들어선 전나무숲과 수많은 호수들이 말로 형언하기 어려운 멋진 경관을 자랑한다.

여행자들은 주로 등산Trekking, 카약Kayak, 카누Canoe, 스키, 캠핑 등의 야외 활동을 즐기며, 특히 가을철에는 곱게 물든 단풍놀이 또한 유명하다.

주차장과 캠핑장, 널찍한 도로 등 RV 여행에 최적화된 환경을 제공하고 있어서 특히 RV를 렌트하여 여행하는 사람들이 많이 찾는다. 6~9월 성수기에는 전세계에서 여행객들이 모여드는 탓에 물가가 대단히 비싸며, 캠핑장 예약도 순식간에 마감되어 버린다.

우리나라에서 직접 가는 항공로는 없고 주로 항공편으로 밴쿠버나 캘거리에 도착하여 육로로 Banff로 진입하게 된다.

여행을 마치고 난 지금, 아쉬움이 아주 없는 건 아니지만 그래도 다시 가더라도 이번 여행보다 훨씬 더 만족스럽긴 어렵겠다고 할 만큼 멋진 일주일이었다고 생각된다.

나는 지금까지 7년이 조금 넘는 기간의 해외 거주를 포함해 72개국 430여 개 도시를 여행했다. 그런 나에게 누군가가 "지금까지 여행한 곳 중 어디가 제일 멋진 곳이었느냐"라고 묻는다면 막힘없이 "RV를 타고 여행한 캐나다 로키"라고 자신 있게 말할 수 있다.

이 책은 출간 기획부터 RV 여행을 전제로 한다. RV 여행의 즐거움과 편리함을 독자들과 공유하고 싶어하기 때문인 것이다.

모든 점을 감안할 때 캐나다 로키는 내가 아는 그 어떤 지역보다도 RV 친화적인 환경을 제공한다.

우선 주요 관광명소들이 차로 2~3 시간 정도 이동하는 거리에 밀집해 있어서 한 번의 나들이로 많은 볼거리와 액티비티를 즐길 수 있다.

또 국립공원 내에 캠핑이 가능한 곳이 널려있으며, 캠핑장마다 RV를 위한 시설이 잘 갖춰져 있어서 RV 여행의 장점을 최대한으로 살릴 수 있다. 어디를 가든지 RV를 주차할 수 있는 공간이 충분히 있으며, 어떤 곳은 RV 전용 공간도 있다.

RV를 일 주일 전후로 빌려 여행한다면 적절하게 휴식을 취하고 이동하면서 즐기는 데 딱이다. 그야말로 내 집 같은 자동차, 모터홈 그 자체다.

이렇듯 RV 여행을 위한 환경이 잘 갖춰져 있어서 수많은 사람들이 너도 나도 RV를 끌고 나서지 않겠는가?

위에 있는 사진 중 왼쪽은 주차장마다 가득한 RV들, 오른쪽은 Jasper SkyTram을 타고 올라간 Whistlers Mountain에서 내려다본, 어마어마한 규모의 Whistlers 캠핑장의 모습이다.

우리의 이동 경로

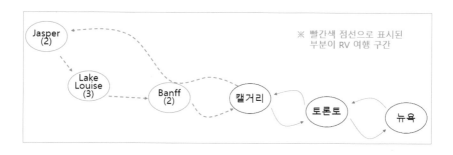

우리의 캐나다 로키 여행은 한국이 아닌 미국에서 시작되었다. 뉴욕에서 일하는 딸 집에 들렀다가 케네디공항을 출발해 토론토를 거쳐 캘거리Calgary에서 본격적인 7박 8일 간의 여행이 시작된 것이다. 이후엔 다시 토론토를 거쳐 캐나다 동부의 주요 도시들을 여행한 다음 뉴욕으로 돌아갔다.

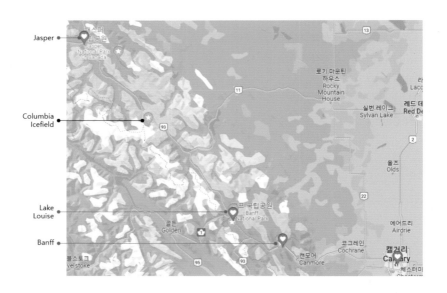

우리는 RVezy라는 사이트를 통해 RV를 예약했다. 나중에 자세히 설명하겠지만 이 사이트는 숙박 플랫폼인 Air B&B와 유사하게 운영되는 RV 대여 플랫폼이다. 캘거리 외곽의 개인 차고지에서 차량을 픽업하고 반납했으며, 차량 픽업을 전후해 캘거리에서 2박을 했다.

원래는 Jasper 지역의 Whistlers 캠핑장에서 2박, Banff권의 Lake Louise 캠핑장과 Tunnel Mountain Trailer Court에서 각각 3박과 2박을 할 계획으로 시작했지만 Jasper에서는 뜻밖의 산불로 인해 약간의 일정 변경이 있었다.

그런데 왜 Calgary인가?

일단 Banff에는 RV를 렌트할 수 있는 곳이 거의 없다. 그렇다면 가능한 곳은 Vancouver, Calgary 또는 Edmonton이다.

한국에서 캐나다 로키를 여행하려면 Vancouver로 도착해 거기서 RV를 렌트해 이동하는 방법이 우선 떠오른다. 하지만 이 경우 Vancouver-Calgary 간 거리가 950Km로 만만치가 않아 효과적이지 않을 수 있다.

두 사람이 교대로 운전한다고 해도 하루로는 어렵다. 여행을 마친 후 반납하는 것도 고려해야 하며, One-Way 렌트도 가능하지만 알고 보면 그런 것들이 다 숨겨진 비용으로 들어가 있다.

각자의 사정에 따라 다르겠지만 일단 Calgary로 이동한 다음 현지에서 차량을 인수하는 것이 가장 효과적이라 생각된다.

Edmonton은 앨버타주의 주도로 차를 대여할 수 있는 곳은 많으나 Jasper와의 거리가 왕복 720Km나 되는 먼 곳이다.

우리의 경우엔 뉴욕에 가족이 있어 미국 도착 후 시차 조절을 겸해서 뉴욕에서 며칠 휴식을 취하다 토론토를 거쳐 Calgary로 이동하는 루트를 택했다. 이런 연유로 우리의 여행스토리는 Calgary에서부터 시작된다.

저녁에 Jasper의 Whistlers 캠핑장에 도착해서야 사안의 중대성을 알게 되었지만 사실은 이날 새벽에 Jasper National Park에서 내게 메일이 한 통 왔고, 난 그걸 그다지 심각하게 받아들이지 않았다. 설령 그 의미를 정확하게 파악했다고 하더라도 뚜렷한 대안도 없었겠지만. 얼핏 본 메일 내용은 'Jasper 일대에서 발생한 산불로 전기와 식수공급이 영향을 받게 되어 9월 6일부터 11일까지 인근 모든 캠핑장을 임시 폐쇄한다'는 것이었다. 예약한 사람들에 대해서는 곧 환불이 이루어질 예정이라는 설명도 있었는데 당시만 해도 나는 "이게 무슨 말이지?" 하는 정도로만 가볍게 생각을 했다. 가슴 설레는 RV 여행을 목전에 둔 시점이었으니 다른 이야기는 대충 흘려듣고 지나쳐버린 것이다.

전날 저녁 차주인 Roman과의 협의가 잘 돼서 아침 10:00에 Air B&B 숙소로 우리를 픽업하러 왔다. 원래 우리 계획은 08:30에 출발하는 것이었지만 그건 우리의 희망사항일 뿐이고, 택시를 불러 타고 가지 않아도 되니 10:00에 와준다는 것만 해도 감사한 일이었다.

차주의 차를 타고 그의 집에 도착하니 그동안 사진으로만 여러 차례 봐왔던 바로 그 RV가 우리 앞에 떠억 버티고 있다. 생각보다 크다. Roman은 약 1

시간에 걸쳐 차의 기능을 하나하나 설명해 준다. 어떤 전문업체에서는 차내 설비의 사용법에 대한 설명을 비디오를 통해 듣게 되며, 직원으로부터 직접 설명을 들으려면 $50을 추가로 내야 하는데, 그의 차에는 Parks Canada Discovery Pass(⇨156쪽 참고)가 있어서 우리는 별도로 사지 않아도 된다고 한다. 고맙게도 $145이나 절약하는구나...

설명을 듣고 난 다음 휴대폰 동영상으로 차의 외관을 돌아가며 꼼꼼하게 촬영했다. 그런 다음 Canadian Dollar가 필요해 US$100만 바꿔줄 수 있겠느냐 물으니 흔쾌히 CA$130을 내준다. 어제 오후 ATM에서 뽑으려고 했더니 CA$115를 내준다길래 안 했는데 고맙기도 하지.

드디어 키를 받아 들고 시동을 걸어 출발하는데 차가 묵직한 것이 지금까지의 경험과는 사뭇 다르다. 일단 차를 몰아서 당장 먹을 식료품을 사러 어젯밤 봐 둔 수퍼마켓 Safeway로 향했다.

먹을 것을 잔뜩 사서 차에 싣고 출발, 1시간을 운전해 Canmore란 도시를 지나는데 아내가 '와인과 Coleman 휴대형 가스를 안 샀는데 대도시인 Banff에서는 비싸기도 하고, 가스를 사러 차를 끌고 돌아다니는 것보다는 여기서 점심을 먹고 사갖고 가는 게 좋겠다'고 한다. Canmore는 Banff에 살짝 못 미친 지점에 위치해 있는데, 캐나다 로키의 눈 덮인 바위산이 슬슬 모습을 드러내기 시작하는 곳이다.

시간이 제법 지체돼서 살짝 마음이 급하기는 하지만 어차피 어디선가 점심은 먹어야 했다. 점심 메뉴는 떡라면이다. 고속도로를 벗어나 한적한 길가에 차를 세우고 라면을 끓였다. 라면은 안 그래도 맛있는데 만년설이 바라다보이는 곳에 차를 세우고 RV에서 먹으니 더더구나 맛이 좋구나...

시내에 들러 Canadian Tire라는 대형 철물백화점에서 1파운드짜리

Coleman 가스 두 통을 사고, 그 옆 Safeway의 주류판매점에도 들러 와인을 두 병 사 들고 드디어 출발!

말로만 듣던 Bow Valley Parkway를 지나는데 울창한 소나무 숲 사이로 한적한 길이 끝없이 이어진다. 오른쪽으로는 거대한 바위산들이 줄지어 늘어서 있고 가끔씩 자전거를 탄 사람들이 양쪽으로 무거운 가방을 매달고 지나가곤 한다.

원래는 나 혼자만 운전을 하는 걸로 등록을 했지만 난생 처음 운전해보는 RV인데 아내도 경험을 좀 해보도록 해야지! 교대로 운전을 해 첫번째 목표지인 Valley of 5 Lakes에 도착하니 예정보다 45분 늦은 18:45다. 그래도 중간에 지체한 걸 감안하면 생각보다 빨리 온 셈이다.

그런데, 계획한 코스를 돌려면 1시간 30분이 소요된다. 마치고 나면 20:15다. 잠시 망설이다가 첫날부터 무리할 필요가 뭐 있나 싶어 내일로 미루기로 하고 예약한 Whistlers 캠핑장에 도착했더니 입구에 지키는 사람도 없고 어쩐지 좀 썰렁한 느낌이다. 그러거나 말거나 맵스미 내비게이션에 우리 사이트 위치를 찍고 따라가니까 찾아가는 게 너무 쉽다. 고마운 맵스미! (⇨195~196쪽 참고)

Campground와 Campsite

캠프그라운드(Campground)는 캠핑장을 의미하며, 캠프사이트(Campsite) 또는 사이트(Site)는 캠핑장 내에서 한 대의 RV를 주차할 수 있는 공간을 말한다.

우리 사이트에 도착하니까 이게 웬일? 우리 바로 옆 사이트에만 한 팀이 있을 뿐 대부분 비어 있다. 그제서야 아침에 받은 이메일이 생각난다. 옆집에 물으니 자기들은 입구에서 공원 관리 직원을 만났다면서 전기는 없지만 원하면 일단 오늘 하루는 여기서 지내도 되는데 내일 아침이 되면 나가야 한단다.

우리는 누가 가르쳐주는 사람이 없어 전기가 안 들어오는 것의 의미가 뭔지도 몰랐고 전기가 안 들어오면 물이 안 나온다는 것은 생각도 안 해봤다. 전기가 없으니 발전기를 켰다. 콧노래를 부르며 샤워를 한 다음, 장작불을 피워 아침에 장을 봐온 앨버타산 소고기를 굽고, 와인 한 잔을 곁들여 참으로 멋지고 맛있는 저녁식사를 했다. 오늘 하루 지나온 얘기, 내일 일정 등에 관해 얘기를 나누다 잠이 들었다.

*****

우리는 여행을 하면서 돈을 쓸 때마다 휴대폰의 엑셀에다 기록을 한다. 이렇게 기록을 해두면 나중에 간단히 합계를 구할 수 있고 항목별로 분류도 가능하다. 게다가 나중에 다시 보면 이 자체가 하나의 여행일지가 되기도 한다.

우리의 첫째 날 지출기록은 오른쪽 표와 같다. 날짜별로 탭을 만들어 기록하면 관리하기 편리하다.

캐나다 로키 여행을 계획하시는 분들이 비교해 보실 수 있도록 여행을 준비하는 단계에서 우리가 계획했던 매일매일의 일정표와 실제로 여행한 일정표를 '오늘의 지출'과 함께 '공개'한다. 첫날은 아침에 출발이 늦어지고 중간에 Canmore를 들르면서 처음 계획했던 것과는 많이 달라졌다.

■ 실제 여행 일정

Day	From	To	Activity	소요시간	비고
1일차	10:00	10:15	Roman 차로 Air B&B에서 그의 집으로 이동	0.25	
	10:15	11:15	차량 인수, 사용법 설명 및 Inspection	1	
	11:30	12:30	식료품 구입 @ Safeway	1	
	12:30	13:30	Calgary -> Canmore 이동	1	
	13:30	14:00	RV에서 점심	0.5	
	14:00	15:15	Canmore 시내에서 Wine 및 Coleman Gas 구입	1.25	
	15:15	18:45	Canmore -> Valley of 5 Lakes	3.5	Bow Valley Parkway 경유
	18:45	19:00	Valley of 5 Lakes	0.25	
	19:00	19:15	Valley of 5 Lakes -> Whistlers Campground	0.25	
	숙소: Whistlers Campground, Jasper (1/1)			9	

<투어 1일차 시간대별 이동 및 Activity>

■ 여행 출발 전 계획

	From	To	Activity	소요시간	비고
1일차 (9.6 화)	8:30	9:00	Calgary 호텔 -> RV 픽업장소	0.5	
	9:00	10:00	차량 인수	1	
	10:00	11:00	식료품 구입 @ Safeway	1	
	11:00	12:30	Calgary -> Banff	1.5	
	12:30	13:30	점심	1	
	13:30	15:30	Banff -> Crossing	2	Bow Valley Parkway
	15:30	16:00	Crossing Resort에서 휴식	0.5	
	16:00	18:00	Crossing -> Valley of 5 Lakes	2	
	18:00	19:30	Valley of 5 Lakes 트레킹	1.5	
	19:30	19:45	Valley of 5 Lakes -> Jasper 시내	0.25	
	19:45	20:45	Jasper 시내	1	
	20:45	21:00	Jasper 시내 -> Whistler 캠핑장	0.25	
	숙소: Whistler Campground, Jasper (1/2)			12.5	

■ 오늘의 지출

구 분	비 용
Grocery @ Safeway	$144
Coleman Propane Gas 1 Lb. 2개	$12
와인 2병	$48
합 계	$204

Day 2
산불, 정전
그리고 불편함

상쾌한 아침이다. 여유롭게 식사를 마친 후 물을 채우러 정문 근처의 덤프
스테이션Dump Station을 찾아 갔더니 국립공원 관리직원 몇 명이 모여 있는 게
보인다.

"굿 모닝!"

반갑게 인사를 하고 식수를 어디서 받느냐고 물으니 85Km 떨어진 Hinton
으로 가란다. 이게 무슨 말? 이제서야 우리가 처한 현실을 파악하게 된다.
산불로 인해 전기가 끊겨 Jasper 국립공원에 속한 모든 캠핑장이 문을 닫았
고 주유소, 상점, 호텔도 다 닫았단다. 아이고, 그럼 우린 어떡해? 남은 연료
로는 Maligne Lake에 다녀오면 거의 바닥이 날 텐데.

원래 우리의 계획은 SkyTram(케이블카)을 타기에 앞서 차를 타고 Pyramid,
Patricia, Annette 등 세 호수를 둘러보는 일정이었는데 이런 상황에 부딪히
고 보니 조금은 귀찮기도 하고 하찮은 문제에 매달리는 것같은 느낌이 들어
결국 포기했다. 에라, 모르겠다. 일단 Jasper SkyTram부터 타고 보자!

사전 준비를 할 때부터 첫 탑승시간이 10:15분이란 걸 알았지만 그래도 너
무 늦은 것 같아 전화를 해서 물어보니 맞다고 한다. 게다가 우린 순진하게
도 인터넷으로 티켓을 구입했으니 가서 그냥 타면 되는 줄 알았는데 그게

아니다. Ticket Office에 가서 체크인을 하고 탑승시간을 배정받아야 한다. SkyTram이 커서 한 번에 여러 명이 탑승하며 따라서 운행 시간이 정해져 있다. 다행히 사람이 많지 않아 우린 첫차를 탈 수 있었다.

온라인으로 구입한 티켓과 체크인

우리가 항공권을 구입하면 예약확인서에 이어 eTicket을 보내오는데 이것만 갖고는 항공기에 탑승을 할 수가 없고 공항의 체크인 카운터에 가서 내 좌석이 할당된 보딩패스를 받아야 한다.

이와 마찬가지로 인터넷으로 구입한 티켓은 엄밀히 말하면 티켓이라기보다는 예약확인서 내지는 이용권(Voucher)이며, 시설 이용을 위해서는 체크인 과정을 거쳐야 한다. 인기 시설들은 대체로 이용객이 많아서 대부분 그룹단위로 움직이게 되는데 체크인을 통해 내가 이용할 시간과 그룹을 지정해준다.

티켓 카운터에 가서 미리 휴대폰에 저장해둔 예약확인서를 보여주면 이때 내가 이용할 시간을 지정해 주며, 따라서 시설 이용을 위해서는 대체로 30분 정도의 대기 시간이 필요하다는 점을 감안해야 한다.

다만, 6인승인 Banff Gondola의 경우 크기가 작아서 그룹으로 움직인다는 개념이 희박해 별도의 체크인 과정 없이 도착하는 순서대로 이용이 가능하다.

우리가 이용한 시설 중 체크인이 필수인 곳은 Jasper SkyTram, Maligne Lake Cruise, Columbia Icefield Explorer(Skywalk와 합쳐서)였다.

상부 케이블카 탑승장에 도착해 주변을 둘러보니 캐나다 로키의 첫 일정부터 숨이 막히도록 멋진 경관을 선사한다. 으음, 캐나다 로키 — 역시 듣던 대로 멋진 곳이군... 그런데 바람이 너무 세서 근처를 걷는 것 조차도 쉽지 않고 Whistlers Mountain 정상인 Whistlers Peak까지는 도저히 트레킹을 할 수가 없다.

나는 성격 상 이런 데 가면 반드시 정상을 밟아야 하는데 그러지 못해 아쉬움이 컸다. 카페에 들러 커피 한 잔 마신 다음 내려가는 케이블카를 타려는데, 이건 또 뭔 소리? 바람이 너무 강하게 불어서 운행이 중단되었단다. 어제는 이동만 했고 오늘이 사실상 투어 첫날인데 우리가 계획했던 것과는 영 딴판으로 흘러가는구나.

케이블카 운행이 중단된 데 대한 보상으로 SkyTram에서는 무료로 코코아 한 잔을 제공했다. 카페에서 1시간 넘게 기다린 끝에 겨우 케이블카 운행이 재개되어 하산하는데 하부 케이블카 승차장에서 기다리는 사람들을 보니 우린 그나마 그들보단 낫지 않았나 싶어 다소 위안이 된다.

이제 차에 연료를 넣어야 하는데 가장 가까운 주유소가 동북쪽으로 85Km 떨어진 Hinton에 있다. 그렇지만 달리 대안이 없다. 가지 않으면 안된다. Hinton으로 가는 길엔 왼쪽으로 도처에 검은 연기에 휩싸인 불길이 훨훨 타오르는 게 보인다. 덕분에 저토록 큰 산불을 이렇게 가까이서 구경하는구나! 가만, 근데 어디서 물을 채우지? 수도꼭지만 있다고 해서 물을 채울 수 있는 건 아닐 텐데? 사설 캠핑장에 가면 되려나? 구글지도에서 사설 캠핑장을 찾아 전화를 했다. 물이 필요하다고 얘기하니 자기들은 그런 서비스는 하지 않고 시내에 가면 Canadian Tire라는 철물백화점이 있는데 자기가 그 뒤편에서 수도꼭지를 본 기억이 있단다. Thank you, Madam!

주유를 마친 후 창고형 매장인 Canadian Tire 건물 뒤편을 둘러보니 바로 거기에 있다! 게다가 고객들을 위해 무료로 개방한다는 친절한 안내문까지 붙어있다. Thank you, Canadian Tire.

식수를 넘치도록 가득 넣고 근처 Safeway에 들러 종이접시, 소고기, 식수, 장작불을 피우기 위한 불쏘시개Fie Starter 등을 사서 다음 목적지인 Maligne Lake를 향해 출발!

운전 중 시계를 보니 16:00를 가리키고 있다. 아침에 SkyTram 체크인 경험도 있고 해서 운행 시간을 확인하기 위해 Maligne Lake Cruise에 전화를 해보니 마지막 보트 출발 시간은 17:00지만 16:40까지 와야만 탈 수 있단다. 하지만 계산을 해보니 도저히 그 시간에 도착할 수가 없다.

인생은 수많은 선택의 연속이라는 말이 있다. 하루를 아주 작은 단위로 나눠보면 결국 무언가를 할 것이냐 말 것이냐, 이것을 할 것이냐 저것을 할 것이냐 등 선택의 문제로 귀결된다는 뜻이리라. 우리도 선택을 해야 한다. 어차피 오늘 Maligne Lake은 안된다. 그럼 대안은 뭔가?

방향을 틀어 내일 가기로 계획한, 어마어마한 크기의 빙하를 바로 코앞에서 바라다볼 수 있는 Edith Cavell Meadow로 발길을 돌린다.

가는 길은 생각보다 멀다. 차량 통행은 많지 않은데 상당히 꼬불꼬불해서 여기를 가는 게 적절한 선택이었는지 약간은 망설여지는 그런 길이었다. 하지만 도착해서, 금방이라도 호수로 쏟아져 내릴 것만 같은 거대한 빙하를 바라보면서 역시 이곳 또한 오길 잘했구나 하는 생각이 든다.

1시간여 동안의 트레킹을 마친 후 다음 목적지로 향한다. 오늘 밤 잘 곳은 Medicine Lake 호숫가로 정했다. 드디어 노숙도 경험해 보는구나. 자, 그럼 출발!

1시간 30여 분을 운전한 끝에 호수에 도착했다. 호수에 비친 멋진 달을 보며 저녁을 먹는데 왠지 마음이 편치가 않다. 오가는 사람이라도 좀 있으면 좋겠는데 사람이 한 명도 없다. 오직 우리 두 사람뿐이다. 불안한 분위기를 감지한 아내 역시 한적한 길가에서 노숙하는 것이 불편하단다.

당시만 해도 노숙에 관한 상식이 없던 우리는 아무 생각없이 거기서 하룻밤을 쉬어 갈 예정이었다. 얼핏 지나치듯 읽은 글에서 누군가가 RV로 여행을 하면 차를 세우는 곳이 호텔이라고 했는데…

하, 지, 만, 천만의 말씀!

누가 가르쳐주지 않았음에도 저절로 느낌이 오는 것이 아무 데서나 노숙을 해서는 안 될 것 같다. 불량배가 아주 없다고 어찌 장담하겠는가? 주변에 도움을 청할 사람이 아무도 없는데 강도라도 만나면 어떻게 하겠는가? 혹시라도 회색곰이 먹거리를 찾아 어슬렁거리다가 차를 들이받는 일은 없을까? 설마 그런 일까지야…. 별별 생각이 다 든다.

이럴 때 역시 남자는 세 여자 말을 잘 들으면 아무 탈이 없다. 마누라, 와이프, 집사람! 어서 다른 곳으로 옮기자. 다행스럽게도 불안한 마음에 오늘은 와인을 거의 안 마셨으니 운전을 하는 데는 문제는 없겠구나.

Maligne Lake까지 이동하는 데 필요한 시간을 알아보려고 휴대폰을 켜보지만 Jasper 시내를 벗어난 후부터 인터넷이 끊겨 구글지도도 안 된다. 맵스미 내비게이션을 켜고 다시 차를 몰아 Maligne Lake 주차장에 도착하니 밤 10시다. 다행히 주변에 주차된 차들이 여럿 있다. 이젠 안심이다.

돌이켜보니 오늘 하루 참으로 많은 일들이 일어났다. 캠핑장에 물이 없어 황당해하질 않나, 케이블카를 타고 산꼭대기에 올라갔다가 강풍으로 갇히질 않나, 물과 연료를 찾아 170Km나 되는 머나먼 길을 다녀오질 않나, 위험천만인 노숙을 할 뻔하지 않았나.

내일 아침 보트 투어는 몇 시에 시작할까? 몇 시에 티켓 카운터로 가면 될까? 자기 전에 내일 일정을 좀 살펴보고 싶은데 인터넷이 안 되니 완전 깜깜이다.

■ 실제 여행 일정

Day	From	To	Activity	소요시간	비고
2일차	9:30	9:45	Whistlers 캠핑장 -> Jasper SkyTram 이동	0.25	
	9:45	10:15	Jasper SkyTram 체크인	0.5	
	10:15	12:15	Jasper Sky Tram	2	
	12:15	13:15	SkyTram Café에서 점심	1	
	13:15	14:45	Jasper SkyTram -> Hinton 이동	1.5	
	14:45	15:45	주유 및 식수 보충	1	
	15:45	17:30	Hinton -> Edith Cavell Meadow 이동	1.75	
	17:30	18:30	Edith Cavell Meadow 트레킹	1	
	18:30	20:00	Edith Cavell Meadow -> Medicine Lake 이동	1.5	
	20:00	21:30	Medicine Lake Viewpoint, RV에서 저녁	1.5	
	21:30	22:00	Medicine Lake -> Maligne Lake 주차장 이동	0.5	
			숙소: Maligne Lake 주차장 노숙 (1/1)	10.5	

<투어 2일차 시간대별 이동 및 Activity>

■ 여행 출발 전 계획

	From	To	Activity	소요시간	비고
2일차 (9.7 수)	8:00	9:30	Lake Annette; Patricia / Pyramid Lake	1.5	
	10:15	13:15	Jasper Sky Tram	3	
	13:15	14:15	점심	1	
	14:15	14:45	Jasper Sky Tram -> Maligne Canyon	0.5	
	14:45	16:45	Maligne Canyon 트레킹	2	
	16:45	17:15	Maligne Canyon -> Maligne Lake	0.5	Medicine Lake 경유
	17:15	19:15	Maligne Lake Cruise	2	
	19:15	20:15	Maligne Lake -> Whistler 캠핑장	1	
			숙소: Whistler Campground, Jasper (2/2)	11.5	

■ 오늘의 지출

구 분	비 용
Jasper SkyTram Café	$19
주유	$140
Grocery @ Hinton	$59
합 계	$218

막연하게나마 안개가 자욱한 Maligne Lake를 기대하며 차 밖으로 나오니 호수는 30여 미터 떨어진 곳에 있다. 멀리 보이는 눈 덮인 바위산과 빽빽히 들어선 가문비나무, 끝없이 펼쳐지는 잔잔한 에메랄드 빛 호수 등이 완벽한 조화를 이루는 멋진 경관에 우리 두 사람은 감탄사를 연발한다.

호숫가를 따라 10여 분을 걸어 티켓 카운터에 도착해 체크인을 하니 가장 빠른 보트가 30분 후에 출발한다.

보트를 기다리다 한국인 부부 한 쌍을 만났다. 여행을 하다 보면 한국사람은 금방 표시가 난다. 우선 외모에서 우리만 아는 뭔가가 있기도 하거니와 복장에서도 한국인에게서만 풍기는 어떤 느낌이 있다. Jasper 산불로 인한 어제의 난감한 상황에 대해 애길 주고받으며 화제가 차로 옮겨 간다. 자기들은 승용차로 여행하는데 우리는 RV라고 하니 굉장히 부러워한다. 어젯밤 늦게야 시내에 전기가 들어와서 겨우 방을 구해 $400이 넘는 돈을 주고 그저 그런 호텔에서 1박을 했으며, 결제하는 순간 손이 덜덜 떨리더란 얘기를 들려준다.

보트를 타고 Spirit Island로 가는 길은 빙하로 뒤덮인 바위산이며 가문비나무가 울창한 숲, 맑고 푸른 호숫물 등 캐나다 로키에서 풍기는 독특한 정서가 강하게 느껴진다. 사실 우리는 이 나무들이 가문비나무인지, 전나무인지, 아니면 소나무인지를 알아내려고 무진 애를 쓰고 주변 현지인들에게 물어봤지만 정확히 아는 사람이 아무도 없었다.

이 호수는 길이가 무려 22.5Km다. 거의 광화문에서 성남 가는 거리다. 10:30에 출발한 보트는 이토록 길다란 호수를 30분을 달려 그 유명한 Spirit Island 옆 선착장에 도착한다. 여기서 주어진 30분 동안 관광객들은 주변에 만들어 놓은 보드워크를 따라 걸으며 Spirit Island를 배경으로 사진을 찍기에 분주하다.

다시 Maligne Lake Boat 선착장에 돌아오니 12시, 내가 참으로 좋아하는 떡라면을 끓여 점심을 먹고 나니 이제 Jasper를 떠날 시간이다.

원래 계획대로라면 어제 Maligne Canyon에도 들렀어야 하는데 시간이 너무 늦어 생각조차도 못 해봤다. Jasper에서 놓친 관광명소들을 떠올려보니 숫자도 제법 여럿 되고 그만큼 아쉬움 또한 크다. Valley of 5 Lakes, Pyramid Lake 주변, Maligne Canyon 등등. 하긴 뭐 이런 사소한 것들까지도 인생이 어디 내 맘대로만 되는 거더냐?

Columbia Icefield에 도착하니 15:15다. 역시 체크인은 필수다. 45분을 기다린 끝에 우린 16:00 그룹에 합류했다. 50여명이 타는 일반버스에 오른 후 10여분을 달려가더니 드디어 말로만 듣던 설상차^{Ice Vehicle}에 오른다. 다시 설상차로 10여 분을 더 가니 온통 얼음으로 뒤덮인 세상이 펼쳐진다. 빙하다!

PET 병에 물도 받아서 한번 마셔본다. 우리는 전에 아르헨티나의 El Calafate를 여행하면서 Perito Moreno 빙하에 올라 트레킹을 해본 경험도 있어서 빙하 그 자체가 신기한 건 아니지만, 캐나다 로키의 빙하는 짙푸른 색을 내뿜는 게 어딘가 색다른 면이 있어 보인다.

다시 차에 올라 Skywalk로 향하는 길에 설상차 운전기사는 우리가 탄 차 바퀴 한 개에 $7,000이라고 설명을 한다. 오가는 길의 경사가 엄청 심하기도 하고, 또 느린 속도이긴 하지만 얼음 위를 달려야 해서 이렇게 크고 특별한 바퀴가 필요한가 보다. Glacier Skywalk 투어는 설상차투어와 연계되어 있어서 설상차에서 내린 후 일반버스로 갈아타고 이동한다. Skywalk에는 주차장이 없어 투어버스 외에는 접근 방법이 없다.

특수유리 아래로 보이는, 300여 미터에 이르는 깊이의 아찔한 계곡과 저 멀리 보이는 Columbia Icefield(Athabasca Glacier)의 멋진 전망을 즐기고 나면 돌아가는 시간은 각자 맘대로다. 원하는 만큼 머물다 기다려 버스를 타고 처음 버스가 출발한 위치로 되돌아오니 18:30이다.

Lake Louise 캠핑장에 도착해 체크인을 마치고 맵스미가 가르쳐 주는 길을 따라가니 우리가 예약한 사이트 찾는 건 일도 아니다. 하지만 여기도 캠핑장이 워낙 넓어서 처음 도착하면 동서남북 구분이 잘 안 가고, 만약에 내비게이션이 없으면 예약한 자리를 찾아가는 것도 쉽지 않다.

군데군데 화덕Fire Pit이 딸린 사이트가 보이는데 아쉽게도 우리 자리엔 없다. 오늘도 저녁 메뉴는 앨버타산 소고기 스테이크 요리다. 장작불이 없어서 아쉽지만 차 안에서나마 요리를 해 먹을 수 있다는 게 얼마나 신나고 즐거운 일인가? 캠핑하면서 저렴한 가격의 맛난 와인을 즐길 수 있다는 것은 또 얼마나 감사한 일인가?

와인 이야기

캐나다 로키처럼 멋진 곳에 여행을 가서 하루 일정을 마치고 멋진 저녁을 먹으며 와인 한 잔을 나눌 수 있다면 여행이 더욱 여유롭고 멋지지 않을까?

와인의 맛을 즐기려면 솔직히 뭘 좀 알아야 한다. 그런데 와인은 어렵다. 이런 점들을 감안하여 가성비 높은 와인을 고르는 법, 와인의 맛을 느끼는 법을 비롯하여 와인을 아는 데 꼭 필요한 내용을 모아 '부록 3. 여행의 멋을 더하는 와인'에서 소개한다.

■ 실제 여행 일정

Day	From	To	Activity	소요시간	비고
3일차	10:00	10:30	Maligne Lake Cruise 체크인	0.5	
	10:30	12:00	Maligne Lake Cruise	1.5	
	12:00	12:45	RV에서 점심	0.75	
	12:45	15:15	Maligne Lake -> Columbia Icefield 이동	2.5	
	15:15	16:00	Icefield Explorer + Glacier Skywalk 체크인	0.75	
	16:00	18:30	Columbia Ice Field + Glacier Skywalk	2.5	
	18:30	20:00	Columbia Ice Field -> Lake Louise 캠핑장 이동	1.5	
			숙소: Lake Louise Camp Ground (1/3)	10	

<투어 3일차 시간대별 이동 및 Activity>

■ 여행 출발 전 계획

	From	To	Activity		
3일차 (9.8 목)	8:00	9:00	Whistler 캠프장 -> Cavell Meadow Glacier	1	
	9:00	10:00	Cavell Meadow 트레킹	1	
	10:00	11:00	Cavell Meadow -> Athabasca Falls	1	
	11:00	12:00	점심 @ Athabasca Falls	1	
	12:00	13:00	Athabasca Falls -> Columbia Ice Field	1	
	[Athabasca Falls] - Goats & Glacier Lookout - Stutfield Glacier VP - Tangle Creek Falls - [CIF]				
	13:00	16:00	Columbia Ice Field + Glacier Skywalk	3	
	16:00	20:00	Columbia Ice Field -> Lake Louise 캠핑장	4	
	[CIF] - Sunwapta Pass - The Big Bend - Weeping Wall VP - [Crossing] - Mistaya Canyon Waterfowl Lakes VP - Mt. Patterson Glacier - Bow Pass (Summit) - Peyto Lake VP Num Ti Jah Lodge - Bow Lake VP - Corwfoot Glacier VP - Hector Lake VP - [Lake Louise]				
			숙소: Lake Louise Camp Ground (1/3)	12	

■ 오늘의 지출

구 분	비 용
Souvenir: Maligne Lake 셔츠	$47
Starbucks @ Columbia Icefield 안내소	$11
합 계	$58

원래 계획대로라면 오늘은 아침 일찍 Lake Louise로 이동해 주차장에서 아침 식사를 한 후 Little Beehive, Big Beehive를 거쳐 Plain of Six Glaciers 트레킹을 해야 한다. 그런데 며칠 지나면서 보니 계획을 너무 무리하게 잡은 것 같은 느낌이 들기 시작한다. 아무래도 일정을 좀 단축해야겠다. 내일도 새벽같이 일어나 Moraine Lake로 가야 하는데.

오늘이 여행 4일째인데 첫째, 둘째 날에 이어 일정을 너무 빡빡하게 잡은 것이 살짝 후회된다. 이 글을 읽는 독자분들은 꼭 참고하시기 바란다. 여유 있게 일정계획을 짤 것!

RV 여행에 앞서 무척 궁금했던 점 중 하나가 Waste Dumping, 즉 오수를 버리는 일이었다. 드디어 궁금증을 해소하는 것은 물론 내가 직접 일을 처리해야 할 시간이다. 캠핑장 입구에 있는 오수처리장Dump Station에 들르니 다른 차들 몇 대가 이미 줄을 서서 기다리고 있다. 드디어 내 차례가 되어 차를 움직여 차의 화장실오수 배출구Black Water Drain와 바닥에 뚫린 오수 투입구가 맞게 주차를 한다. 이어 화장실오수를 빼내는데 콸콸거리던 호스가 용트림을 멈춘다. 아, 오물이 호스를 통해 다 빠져나간 게 이런 느낌이로구나... 이어 화장실오수 배출구 레버를 밀어 넣어 잠그고, 호스를 빼낸 다음 다시 일반오수 배출구에 갖다 꽂는다. 역시 콸콸거리는 느낌이 멈춘 뒤 일반오수 배출구 레버를 잠그고, 호스를 빼낸다. 그리고 세척용 샤워기를 꺼내 호스에 물을 뿌려 세척한 다음, 원래 호스가 있던 자리에 되돌려 놓는다.

그런 다음 식수용 호스를 수도꼭지에 연결해 물을 받고 나니 끝이다. 막상 해보니 별것도 아니다. 10분이나 걸렸을까? 이젠 나도 오수배출 전문가다! 아침 일찍 Lake Louise로 가려던 계획을 바꿔 Emerald Lake로 향한다. 주유를 좀 해야겠기에 가까이 보이는 주유소에 들르니 휘발유만 있고 노란색으로 된 디젤 주유기는 없다. 다른 주유소에 가니까 열 대는 족히 되어 보이는 RV가 길게 줄을 늘어서 있다. 다들 출발 전에 주유를 하느라 바쁘군. 그렇다면 우린 오후에 넣지 뭐.

Emerald Lake 주차장은 규모가 좀 작다. 지정 주차장이 다 차면 입구에서부터 진입로 쪽으로 길 한 쪽에 주차를 한다. 빈자리가 없으면 좀 멀리 가야 하는 게 불편하긴 하지만 주차공간은 충분해 보인다. 호수엔 카누를 타는 사람들이 여기저기 눈에 띈다. 1시간 이용료가 CA$90이라 좀 비싼 느낌이 들긴 하지만 워낙 유명한 곳이니 그러려니 하면서 저울질을 하다 결국 포기하고 만다. 혼자 타는 건데 혹시 물에 빠지기라도 하면 어쩌지? 솔직히 좀 자신이 없다. 나이 탓인가? 아서라, 아서!

호수 물 색깔이 너무도 고운 것이 내가 아는 보석 Emerald의 색깔도 이처럼 아름다울까 싶다.

호수입구와 카페를 연결하는 다리는 사진촬영 명소로 언제나 사람들로 넘쳐난다. 우리 또한 사진을 찍고 찍히느라 정신이 없는 사람들 사이를 비집고 다니며 놀다 보니 1시간이 쏜살같이 지나간다. 차에 올라 가까운 거리에 있는 Natural Bridge로 옮겨 가니 여기서부턴 단체관광객이 좀 보이기 시작한다.

길 건너 지근거리에 위치한 Field란
마을은 어쩐지 점심 한 그릇 먹고 가라
고 만들어 놓은 듯한 느낌이 드는 아담
한 동네. 호기심에 Wikipedia를 찾아
보니 2011년 인구가 195명이었단다.
Truffle Pigs Bistro란 식당에서 Rose 와인
한 잔을 곁들인 점심식사는 참 멋지다.
그런데 운전할 때는 한 잔의 와인이라도 마시면 안 되는데…

14:00에 다시 Lake Louise 주차장으로 돌아와 14:30부터 Little Beehive 트
레킹을 시작한다. 시간 관계상 Plain of Six Glaciers까지는 불가능하고 Big
Beehive도 가능할지 잘 모르겠다. 막상 산에 올라보니 아주 쉬운 코스는
아니다. 낑낑거리며 무거운 DSLR 카메라를 메고 길을 오르는 것이 상당히
힘이 든다.

숨이 가빠 헐떡거리면서도 가끔씩 나무 사이로 보이는 Lake Louise의 멋
진 모습을 보면서 위안을 얻어 도착한 Little Beehive는 감탄, 감탄 그 자체
다. 좋다, 멋지다는 말이 끊임없이 나온다. 가까이서 볼 때는 파란 빛이 섞
여 있던 호수가 여기서 보니 주변에 가득 찬 숲과 조화를 이루어 또다시
그 에메랄드 빛이다. 그것도 아주 짙디짙은 에메랄드 빛. 왼쪽 끝엔 깔끔
함과 고급스러움의 극치를 보여주는 Fairmont Chateau Lake Louise 호텔
이요, 거기서부터 오른쪽 끝까지 이어지는 호수가 한 눈에 가득 들어온다.
이걸 보기 위해 그토록 힘든 길을 참고 올라왔구나. 그럴 만한 가치가 충
분히 있는 곳이네.

왔던 길을 약간 돌아가면 Agnes Lake가 나오고 여기에서 방향을 조금 틀어 다시 산을 오르면 Big Beehive인데 우린 이미 힘이 다 소진된 것 같다. Agnes Lake 벤치에 앉아 호수에 비친 Beehive벌집을 보는 것에 만족하면서 발길을 돌려 다시 Lake Louise로 내려오니 18:30이다.

우린 다른 곳을 여행하면서 애프터눈 티Afternoon Tea를 몇 차례 마셔봤다. 그래서 차나 쿠키, 케익 등 메뉴 그 자체에는 그다지 큰 관심이 있지는 않았다. 다만 Fairmont Chateau Lake Louise 내부는 꼭 한 번 구경해 보고 싶었다. 그런데 투숙객이 아닌 사람이 호텔 내부에 들어갈 수 있는 방법은 애프터눈 티를 예약하고 가는 방법뿐이다.

웬만하면 한 번 가보고 싶은데 1인당 $100이 훨씬 넘는 데다가 세금과 봉사료를 합치면 너무 부담이 크다. 게다가 유달리 'Per Person'이란 표시가 눈에 크게 들어온다. 결국은 포기하고 말았다. 이 글을 쓰기 위해 다시 알아보니 1인당 $70이라고 표시되어 있다. 내가 잘못 보았던 것일까? 아니면 여기는 애프터눈 티도 시즌에 따라 값이 달라지는 걸까?

주유를 하고 캠핑장에 돌아와 Calgary에서 사온 소고기를 Coleman 그릴에 굽고, 와인 한 잔을 곁들여 저녁을 먹으며 하루의 일과를 마무리했다. 이젠 앨버타산 소고기도, 와인도 다 떨어진 것 같은데 내일은 좀 더 사야겠구나.

■ 실제 여행 일정

Day	From	To	Activity	소요시간	비고
4일차	9:30	9:45	Waste Dumping	0.25	
	9:45	10:00	주유	0.25	
	10:00	10:30	Lake Louise 캠핑장 -> Emerald Lake 이동	0.5	
	10:30	11:30	Emerald Lake 산책	1	
	11:30	12:00	Natural Bridge 산책	0.5	
	12:00	13:30	Field Town Restaurant에서 점심	1.5	
	13:30	14:00	Field -> Lake Louise 주차장 이동	0.5	
	14:00	14:30	Lake Louise 산책	0.5	
	14:30	18:30	Little Beehive 트레킹	4	
	18:30	19:00	Lake Louise 주차장 -> 캠핑장 이동	0.5	
			숙소: Lake Louise Camp Ground (2/3)	9	

<투어 4일차 시간대별 이동 및 Activity>

■ 여행 출발 전 계획

	From	To	Activity	소요시간	비고
4일차 (9.9 금)	5:45	6:00	Lake Louise 캠핑장 -> Lake Louise 주차장	0.25	Early Morning
	6:00	8:00	아침 식사	2	
	8:00	11:00	Agnes Lake & Beehives 트레킹	3	
	11:00	11:30	도시락 점심	0.5	
	11:30	14:30	Plain of Six Glaciers 트레킹	3	
	14:30	16:30	Lake Louise 산책	2	
			숙소: Lake Louise Camp Ground (2/3)	10.75	

■ 오늘의 지출

구 분	비 용
Lunch @ Field Town	$58
주유	$100
합 계	$158

Day 5
Moraine Lake와
Sentinel Pass

오늘은 이번 여행 중 가장 기대되는 날, Moraine Lake와 Larch Valley 트레킹이 계획된 날이다. 꼭두새벽에 일어나 Moraine Lake 주차장에 차를 세운 후 그곳에서 아침을 먹고, Larch Valley를 지나 Sentinel Pass에 이르는 트레킹을 할 예정이다.

그런데 시작부터 순조롭지가 않다. 우리의 여행을 통틀어 손에 꼽을 만큼 상당히 당황스러운 일이 발생했다.

Moraine Lake는 주차 사정이 안 좋기로 소문이 난 곳이다. 인터넷에서 알아보니까 아침 6시에 갔더니 빈 자리가 있었다는 사람도 있어서 "우리는 RV가 있으니 미리 가서 거기서 자면 되지 뭐" 하는 생각으로 새벽 3시 30분에 주차장으로 가는 길 입구에 도착했다.

Moraine Lake에 가려면 어차피 Lake Louise 주차장 입구를 지나가야 한다. 전날 이곳을 오가면서 보니까 항상 'Moraine Lake Parking Lot Full'이라고 전광판에 적혀 있었는데 우리가 도착한 그 순간에는 그 표시가 없다. 옳지, 이제 되었구나! 좌회전을 해야 하지만 교통 흐름을 감안해서 좌회전하는 길을 막아 놨기 때문에 1Km쯤 더 가서 유턴해 돌아왔다.

들뜬 마음으로 다시 Moraine Lake 진입로에 도착하니 이게 웬 일? 우리가 조금 전 지나올 때는 분명히 아무런 표시가 없었는데 1Km를 가서 돌아오니 주차장이 만석이라며 돌아가란다. 세상에. 차라리 처음부터 Full이었으면 이렇게까지 억울하지나 않지.

허탈함과 아쉬움을 가득 안은 채 우리는 하는 수 없이 다시 캠핑장으로 돌아와 인터넷에 접속해서 Moraine Lake로 가는 셔틀을 예약하고 잠을 잤다.

잠을 설친 탓에 조금은 덜 개운한 기분으로 일어나 또 다시 Lake Louise 주차장을 향해 출발한다. 늦으면 주차공간이 없을지도 모르니 서둘러 가야 한다. 다행히 RV 주차장은 아직은 여유가 좀 있다. 주차를 마친 후 샌드위치를 만들어 아침을 먹고, 커피도 한 잔 한 다음 당당하게 Moraine Lake로 가는 셔틀을 타러 가니 마침 운전기사분이 한국교포다. 차에 오르려니 저~기 가서 체크인을 하고 오란다. 햐~ 또 그 체크인! 버스를 타는데도 체크인이 필요하구나.

여기서도 역시 예약확인표를 갖고 가서 티켓으로 바꾸는 체크인 과정을 거쳐야 한다. 주차장 한 켠에 있는 체크인카운터에 가서 예약확인표를 내밀자 몇 마디 대화가 이어진다.

"How did you come here?" – "By my car."

"Where is your car now?" – "In the parking lot, over there."

그러자 "지금 바로 Park & Ride로 가서 차를 거기에 두고, 셔틀을 타고 Moraine Lake로 가라"고 한다.

"Park & Ride가 어디에요?" 물으니 지도를 한 장 건네 주며 더 이상 상대하기 귀찮다는 듯 고개를 돌린다.

자칭 여행고수의 관점에서 눈치를 보니 사정해봐야 입만 아프지 아무 소용이 없겠다.

나중에 알고 보니 이렇게 하는 이유는 Lake Louise 주차장 역시 여유가 많지 않기 때문에 Moraine Lake에 갈 사람은 아예 처음부터 Park & Ride에 주차를 하고, 거기서부터 셔틀을 타라는 얘기다. (강조하는 의미에서 반복하는데 최종 목적지가 Moraine Lake인 경우 미리 온라인으로 셔틀버스 티켓을 사두고, 반드시 Park & Ride에 가서 Moraine Lake행 셔틀버스를 타야 한다.)

그런데 이 셔틀버스는 어차피 Lake Louise 주차장을 지나간다. 그렇다면 일단 셔틀버스 티켓은 사되 저토록 멀리 있는 Park & Ride까지 갈 것이 아니라 Lake Louise에 주차를 하고 거기서 셔틀을 타고 가면 안 될까?

될 수도 있지만 안 될 가능성이 많다. 이건 또 무슨 말? 체크인하는 과정에서 "여기에 어떻게 오셨습니까?" 하고 물을 때 "지인이 태워다 줬습니다"라고 하면 어떻게 될까? 그 때는 통과될 가능성도 있을 것 같지 않은가? 장담할 수는 없지만.

체크인을 거부당한 우리는 다시 한국교포 기사분을 찾아가 안타까운 우리의 처지를 하소연한다. 어떻게 도와 달란 뜻은 전혀 아니었다. 그런데 천사가 나타났다!

기사분이 "나만 눈 감으면 되는 일이니 그냥 타라"고 한다.

"아이고, 기사님 감사합니다^^ 근데 나중에 돌아올 땐 티켓이 없어 어떻게 하지요?"

"이런 답답한 양반을 봤나, 그땐 또다시 내 차를 타면 되지요. 얼른 타기나 하세요!"

＊＊＊＊＊

셔틀버스 예약은 캠핑장을 예약할 때와 똑같은 주소 reservation.pc.gc.ca/ 에서 한다.

위 그림의 오른쪽 끝 'Day Use' 탭을 선택하고 탑승을 원하는 날짜를 지정한 후 인원 수를 입력하여 검색하면 아래 화면이 나타난다.

Banff - Lake Louise

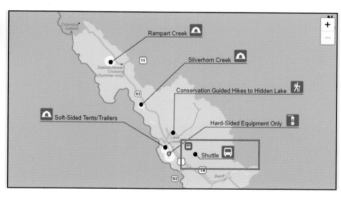

여기서 다시 빨간색 박스 안에 보이는 'Shuttle'을 선택하면 예약 시스템은 아래 그림에서 보이는 것처럼 Time Slot을 지정하도록 요구한다.

Time Range가 정확해야 하는 건 아니다. 이용객이 특정 시간대에 몰리는 것을 분산시키기 위한 하나의 아이디어이며, 내가 구입한 표가 실제 이용할 Slot과 다르더라도 탑승하는 데는 아무런 문제가 없다.

Shuttle

원하는 Time Slot을 선택하면 이어서 다음 그림과 같이 최종 일자와 시간대를 선택한 다음 오른쪽 하단의 'Reserve' 버튼을 클릭하여 결제를 마치면 내 이메일로 예약확인서가 배달된다.

Moraine Lake - Midday (11:00am - 3:00pm)

Availability Legend

- ⊘ Available ⓘ
- ⚠ Restrictions ⓘ
- ☒ Unavailable ⓘ
- ⊘ Not Operating ⓘ
- 🛒 Held in Cart ⓘ

‹ Previous　　　　　　　　　　　　　　　　　　　　　　　Next ›

Activity	Sun Jun 18th	Mon Jun 19th	Tue Jun 20th	Wed Jun 21st	Thu Jun 22nd	Fri Jun 23rd	Sat Jun 24th
ML: 11am-12pm Departures	✓	✓	✓	✓	✓	✓	✓
ML: 12pm-1pm Departures	✓	✓	✓	✓	✓	✓	✓
ML: 1pm-2pm Departures	✓	✓	✓	✓	✓	✓	✓
ML: 2pm-3pm Departures	✓	✓	✓	✓	✓	✓	✓

이렇게 해서 받은 예약확인서는 Park & Ride의 체크인 카운터에 가서 체크인을 하고 티켓으로 교환해야 한다. 체크인 과정을 거치지 않고 예약확인서만 갖고는 탑승이 안 된다.

오른쪽 사진에서 녹색 깃발이 Lake Louise Campground이고, 빨간색 하트 모양이 Park & Ride, 노란색 별 모양은 Lake Louise 주차장, 파란색 트렁크 모양은 Moraine Lake이다. (Park & Ride의 좌표는 51.442132605941815, -116.16303789018103이다.)

*****

새벽에 주차장 진입을 거부당한 우리는 일단 캠핑장으로 돌아갔다가 다시 09:00경에 Lake Louise 주차장에 도착했다. 여기서 버스 탑승 체크인을 거부당하는 2차 해프닝까지 겪었지만 다행히 마음씨 좋은 한국교포 기사분 덕택에 더 이상의 지체 없이 Moraine Lake에 도착할 수 있었다.

30여 분 동안 Moraine Lake 주변을 산책한 다음 11시에 시작한 Larch Valley 트레킹 역시 캐나다 로키의 그 어느 멋진 전망에 뒤지지 않는, 아니 어쩌면 그 중에서 으뜸가는 멋진 광경이 끝없이 이어지는 코스였다. Moraine 호수

뒤편으로 끝없이 펼쳐지는 10개의 봉우리, 즉 Ten Peaks를 바라보며 걷는 길은 잠시도 한눈을 팔 겨를 없는 멋진 풍광이 끝없이 펼쳐진다.

두 시간쯤을 걸어 목적지인 Sentinel Pass 바로 밑에 도착해서 오늘 특별히 신경을 써서 차에서 준비한 훈제 연어 베이글 샌드위치로 점심을 먹으니 세상에 이보다 더 맛있는 샌드위치가 또 어디 있으랴 싶다. 게다가 와인도 한 모금 PET병에 담아 왔다!

아침식사로 그만인 훈제연어 베이글 샌드위치

베이글은 촉촉하고 쫀득쫀득한 맛이 일품인데 훈제 연어를 넣어 샌드위치를 만들면 한 끼 아침 식사로 최고다. 훈제 연어는 노르웨이뿐만아니라 캐나다에서도 많이 난다.

베이글은 구워도 좋고 그냥 먹어도 좋은데 위에 크림치즈를 두툼하게 바르고, 간혹 훈제 연어에서 비릿한 냄새가 날 수도 있으니 이를 잡아주기 위해 양파를 채 썰어 넣고 로메인 한 장 얹으면 고든 램지의 몇 만원짜리 햄버거가 부럽지 않은 훌륭한 요리가 된다.

재료도 몇 가지 안 들어가고 만드는 것도 비교적 간단하니 RV용 아침 식사 메뉴로는 그만이라 생각된다. 베이글이 없다면 호밀빵이면 어떠랴?

RV 안에서 드립커피까지 바라는 건 지나친 욕심이고, 입안 가득 촉촉함이 느껴지는 훈제 연어 샌드위치에 믹스커피 한 잔을 곁들여 아침식사를 했던 캐나다 로키 여행이 그립다.

14:00, 드디어 2,865m 높이의 Sentinel Pass 정상에 올랐다. 앞에는 끝없이 이어지는 10개의 봉우리 Ten Peaks와 햇빛에 반짝이는 Minnestimma Lake 요, 뒤로는 천국의 계곡 Paradise Valley라!

쉴 새 없이 카메라 셔터를 누르는데 갑자기 셀카사진selfie을 찍어 두 딸에게 보여주고 싶은 마음이 든다. 근처 조그만 돌덩이 위에 휴대폰을 얹어 놓고 타이머를 세팅한 다음 사진이 찍힐 위치로 돌아가는 순간, 살짝 건드린 휴대폰이 그만 바닥으로 떨어져버리고 말았다.

주변은 온통 날카로운 돌덩이뿐이다. 설마 하는 마음으로 휴대폰을 집어보니 가느다랗게 두 줄로 금이 간 것이 보인다. '휴대폰이 망가지면 남은 여행 완전히 망하는데' 하는 조바심으로 폰을 만져보니 다행히 지문인식 기능만 빼고는 제대로 작동을 한다. '하나님 감사합니다'를 속으로 되뇌었다.

14:30에 하산을 시작해서 16:15에 Moraine Lake에 도착, 버스를 타고 Lake Louise로 돌아오는데 티켓을 보자는 사람도 없고 무사통과다. 다들 지친 몸을 이끌고 발이 움직이는대로 따라가는 모습이, 어쩌면 시골 장이 끝나가는

시간을 연상시키는 파장 분위기다.

돌아오는 길에 Lake Louise Visitor Center가 위치한 몰Mall에 있는 주류판매점에 들러 저녁에 먹을 Rosé/Red 와인 각 1병씩을 구입했다. 바로 옆 식품점에 들러 먹을 것도 좀 사고 캠핑장에 돌아오니 17:30이다. 씻고 와인 한 잔 곁들여 저녁 먹기 딱 좋은 시간이다. 오늘 저녁 메뉴는 식품점에서 사온 Chicken Cheese Burrito와 Smoked Salmon, 그리고 Canadian Rose Wine 'Road 13' 이다.

■ 실제 여행 일정

Day	From	To	Activity	소요시간	비고
5일차	3:15	3:30	캠핑장 -> Moraine Lake 주차장 입구	0.25	꼭두새벽에
	3:30	3:45	Moraine Lake 주차장 입구 -> 캠핑장	0.25	
	8:15	8:30	캠핑장 -> Lake Louise 주차장	0.25	
	8:30	9:00	아침 식사	0.5	
	10:00	10:30	Lake Louise -> Moraine Lake 이동	0.5	Shuttle Bus
	10:30	11:00	Moraine Lake 산책	0.5	
	11:00	16:15	Larch Valley 트레킹	5.25	도시락 점심 포함
	16:15	17:00	Moraine Lake -> Lake Louise 이동	0.75	Shuttle Bus
	17:00	17:30	Lake Louise 주차장 -> 캠핑장	0.5	식료품+와인 쇼핑 포함
			숙소: Lake Louise Camp Ground (3/3)	8.75	

<투어 5일차 시간대별 이동 및 Activity>

■ 여행 출발 전 계획

	From	To	Activity	소요시간	비고
5일차 (9.10 토)	5:00	6:00	Lake Louise 캠핑장 -> Moraine Lake 주차장	1	Early Morning
	6:00	8:00	아침 식사	2	
	8:00	12:00	Larch Valley 트레킹	4	
	12:00	13:00	점심	1	
	13:00	15:00	Moraine Lake	2	
	15:00	16:30	Moraine Lake -> Emerald Lake	1.5	
	16:30	18:30	Emerald Lake	2	
	18:30	19:00	Emerald Lake -> Lake Louise 캠핑장	0.5	
			숙소: Lake Louise Camp Ground (3/3)	14	

■ 오늘의 지출

구분	비용
Moraine Lake Shuttle	$19
Grocery	$38
Wine 2병	$44
합계	$101

Day 6
Vermilion Lake
자전거 투어

우리 여행의 마지막 캠핑장이 있는 Banff로 이동하는 날이다. 여기선 2박을 할 예정이다.

09:15에 Lake Louise 캠핑장을 출발하여 Johnston Canyon에 도착하니 10:30이다. 가는 곳마다 표지판이 잘 되어 있어서 찾기가 참 쉽다.

이번 여행에서 딱 한 번 불필요한 지출을 한 곳이 있는데 바로 이곳 주차장이다. Johnston Canyon 진입로에는 Johnston Canyon Lodge라는 호텔이 있는데 바로 그 앞에 있는 주차장은 유료다. 무료주차장은 조금 떨어져 있다. 아무 생각없이 주차를 하고 나니 주차비가 $10이라는 표지판이 눈에 들어왔고, 별 생각없이 사무실에 가서 착하게도 그 비용을 지불하고 나왔다. 나중에 알고 보니 거긴 호텔 주차장이고 심지어 RV 주차는 금지된 곳이다. 여러분들은 나처럼 바보 같은 짓을 하지 말고 좌표 51.24554161415434, -115.83987944095543에 주차를 하기 바란다.

개인적인 생각으로는 이곳 Johnston Canyon은 캐나다 로키다운 특징이 좀 덜해 보인다. 우린 Lower Falls까지만 가고 이후론 길이 막혀 더 이상 올라가지 못했는데 오가는 코스가 너무 밋밋한 데다 볼거리 역시 특별하다고 할 만한 게 없다.

호텔 근처로 내려와 피크닉 테이블에서 간단히 점심을 챙겨 먹고 12:00에 출발했다. 갈 길을 재촉해 Banff에 도착하니 13:00다. 차를 천천히 운전하며 주차를 위해 일대를 한 바퀴 돌다 보니 Train Station Parking Lot에 RV 주차가 가능하다는 표지판이 보인다. 시내에서 좀 떨어져 있긴 하지만 공간도 여유롭고 더구나 무료다. 안전한 곳에 주차를 한 다음 Vermilion Lake 자전거 트레킹을 위해 미리 봐 둔 자전거 대여점을 향한다.

대여료가 시간 당 $10임을 확인하고 아내와 둘이 자전거를 빌려 밴프 표지판Banff Sign에서 Bow Valley Parkway 입구까지의 길을 달리기 위해 시내를 벗어난다. 길에는 우리 말고도 수많은 사람들이 자전거를 타고 달린다. 공기도 맑고, 바람 시원하고, 경치 좋고, 자전거 트레킹 코스로 그만이다.

캐나다 로키에 가기 전까지 내가 아는 주홍색이란 영어는 Scarlet뿐이었다. 미국인 작가 나다니엘 호손Nathaniel Hawthorne이 쓴 소설 주홍글씨The Scarlet Letter의 그 Scarlet 말이다. 그런데 Vermilion도 주홍색이란 뜻이구나. 역시 호수에서는 주홍빛이 제법 묻어난다.

　정확히 2시간의 트레킹을 마치고 자전거를 반납한 다음 Banff 시내 도보 투어에 나선다. 모처럼 한가롭게 시내 중심가인 Banff Ave를 걸으며 고개를 드니 멋들어진 자태를 뽐내는 Cascade Mountain이 한눈에 가득 들어온다. Banff의 명물 스낵인 Fudge와 Beaver Tail도 사서 맛을 본다. 걷다 보니 밴프 한인교회 표지판도 보인다. 거리엔 얼마전에 서거한 영국 엘리자베스 여왕을 추모하는 조기가 걸려있다.

　다시 주차장에 돌아와 차를 몰고 우리가 이틀간 머물 캠핑장 Tunnel Mountain Trailer Court에 도착해 체크인을 하고 나니 18:00다. 앞서 두 곳의 캠핑장 Whistlers와 Lake Louise가 자연 속에 다소곳이 숨은 숲속 캠핑장인데 비해 이곳은 도시계획이 아주 잘 된 신도시 비슷한 곳이다. 가로 세로 줄이 잘 맞춰져 질서정연하게 캠프사이트가 자리잡고 있다. 크다. 커도 엄청나게 크다. 게다가 여긴 완전훅업 캠핑장이다. 모든 사이트에 3대 자원이 공급된다. 드디어 Full Hookup Site(⇨146쪽 참고)를 경험해 보는구나!

　오늘 저녁 메뉴는 카레라이스. 와인은 엊그제 마시고 남은 Diabolica다.

■ 실제 여행 일정

Day	From	To	Activity	소요시간	비고
6일차	9:15	10:30	Lake Louise 캠핑장 -> Johnston Canyon 이동	1.25	
	10:30	11:30	Johnston Canyon 트레킹	1	Lower Falls 까지
	11:30	12:00	Picnic Table에서 간단한 점심	0.5	
	12:00	13:00	Johnston Canyon -> Banff 이동 및 주차	1	
	13:00	13:30	도보 이동 및 자전거 렌트	0.5	
	13:30	15:30	Vermilion Lake 자전거 투어	2	
	15:30	15:30	MTB 반납	0	
	15:30	17:45	Banff 시내 투어	2.25	
	17:45	18:00	Banff 시내 주차장 -> Tunnel Mt. 캠핑장 이동	0.25	
			숙소: Tunnel Mountain Trailer Court (1/2)	8.75	

<투어 6일차 시간대별 이동 및 Activity>

■ 여행 출발 전 계획

6일차 (9.11 일)	9:00	9:30	Lake Louise 캠핑장 -> Johnston 협곡	0.5	
	9:30	11:30	Johnston 협곡 트레킹	2	
	11:30	12:00	Johnston 협곡 -> Banff 시내	0.5	Bow Valley Parkway
	12:00	13:00	점심	1	
	13:00	14:00	Banff 시내	1	
	14:00	14:30	MTB 렌트	0.5	
	14:30	16:30	Vermilion Lake 자전거 투어	2	
	16:30	17:00	MTB 반납	0.5	
			숙소: Tunnel Mountain Trailer Court (1/2)	8	

■ 오늘의 지출

구 분	비 용
Johnston Canyon Parking	$10
2 Hour Bike Rental	$42
Snack (Fudge)	$24
Banff Magnet	$7
Snack (Beaver Tails)	$7
Donation to Korean Church	$10
합 계	$100

Day 7
Banff에서의
하루

상쾌한 아침이다. 눈을 뜨니 거대한 캠핑장 한가운데에 우리가 있다. 사이사이로 나무가 조금씩 있긴 하지만 어쩐지 도시 한복판에 와있는 느낌이다. Banff 주변엔 여러 개의 캠핑장이 있지만 이곳 Tunnel Mountain Trailer Court가 완전훅업 시설을 갖춘 유일한 곳이다.

내일은 아침에 차를 반납해야 하니 사실상 오늘이 캐나다 로키 여행의 마지막 날이다. 벌써부터 살짝 아쉬움이 느껴진다.

아침식사를 마친 후 연결된 전기와 식수, 오수배출 호스를 걷어서 원위치하고 Lake Minnewanka를 향해 출발한다. 어제 시내에서 바라보았던 눈 덮인 Cascade Mountain의 모습이 참으로 웅장하다.

오늘 일정계획표를 보면서 동선을 고려해보니 Tunnel Mountain 트레킹과 Lake Minnewanka의 순서를 바꾸는 게 좋겠다는 생각이다.

Lake Minnewanka와 Two Jack Lake는 드라이브 장소다. 차를 타고 이동하면서 군데군데 전망대에 내려 경치를 감상하고 다음으로 옮겨가는 코스다. 캐나다 로키에는 Maligne Lake와 이곳 Lake Minnewanka 등 두 군데에 보트 Cruise가 있는데 사람들은 아무래도 Maligne Lake Cruise를 더 쳐주는 모양이다. 아침 이른 시간이기도 하지만 이곳의 보트 투어는 어쩐지 좀 한산해 보인다. Minnewanka 또한 그 크기가 어마어마해서 시간 관계 상 우린 호수의 아주 일부만 돌아보고 만족해야 한다. 아쉬움을 안은 채 차를 돌려 다음 목적지인 Two Jack Lake로 향한다.

Two Jack Lake로 가는 길은 왼쪽에 호수가 있다. 여기저기 도로변에 주차 공간이 마련되어 있어서 까마득히 아래로 내려다 보이는 호수의 아름다운 경관을 조망할 수 있다. 어찌 보면 Maligne Lake의 Spirit Island를 꼭 닮은 모습이다. 드라이브 코스가 일품인 이 지역은 대형버스로 움직이는 단체관광객의 모습이 유달리 많이 눈에 띈다. 시원스러운 멋진 경관이 손님들을 불러모으기 때문일 것이다.

다음 목적지는 Tunnel Mountain 정상이다. 등산로 입구에 주차를 하고 걸어서 30여분을 오르는 코스다. 주차장에 가려면 시내 외곽지 주택가를 지나야 하는데 여기저기 공사하는 곳이 많아서 내비게이션을 따라가도 쉽지가 않다. 여차 저차 해서 도착한 주차장엔 고맙게도 우리가 주차를 할 빈 공간도 있다.

지그재그로 난 길을 따라 정상에 오르니 Banff 타운과 Fairmont Banff Springs Hotel, Bow River, 어제 자전거를 타고 지나갔던 Vermilion Lake 등의 관광명소들이 한눈에 들어온다. 멋진 풍경이다. 하지만 나중에 Banff Gondola를 타고 오르게 된 Sulphur Mountain에서 내려다본 전망과 많은 부분이 중첩된다.

성수기에 캐나다 로키에 가면 어딜 가든 사람이 많다. 유명 맛집 또한 줄이 엄청 길어서 밥 한 그릇 먹으려면 한참을 기다려야 한다. 오늘 점심은 맛있는 음식을 즐기되 시간도 절약할 겸 Banff 시내 맛집에서 포장을 해와서 먹기로 했다. 아내는 음식을 사러 가고 나는 차를 길가에 대고 기다리는데 다른 운전자들에게 여간 눈치가 보이는 게 아니다.

"정식으로 주차장에 들어가 기다리든지 해야지 차량 통행이 많은 곳에서 뭐하고 있느냐"는 나무람이 지나가는 사람들 모두에게서 느껴진다. 장소를 옮겨 Banff Gondola 주차장에 차를 세우고 Touloulous란 맛집에서 사온 Cajun 음식으로 즐겁게 배를 채운 다음 Banff Gondola를 향해 고고씽!

우리가 미리 구입한 Combo Ticket의 마지막을 쓸 차례다. 당연히 체크인을 해야지! 매표소에 가서 물으니 체크인이 필요 없으니 그냥 가서 타란다.

왜지? Gondola를 타면서 보니 6인승짜리 소형 캐빈이 쉴 새 없이 돌아간다. '그렇지, 이런 데서 무슨 체크인이 필요하겠어? 오는 대로 타면 되지.' 하는 생각이 든다.

Banff - Jasper 지역 관광명소 Combo Ticket

캐나다 로키에는 수많은 관광명소들이 있는데 그 중에는 유료로 이용하는 시설도 많고 이용 요금 또한 굉장히 비싸다. 손님을 끌기 위해 Banff와 Jasper 지역의 시설 중 2~4개를 묶어서 할인 판매한다.

그 중 대표적인 것이 Jasper Ultimate Explorer로서 Banff Gondola, Columbia Icefield Adventure와 Skywalk, Maligne Lake Cruise 이렇게 네 가지를 패키지로 판매하는데 개별적으로 사는 것보다 상당히 저렴하다.

https://www.banffjaspercollection.com/attractions/attraction-combo-packages에서 구입할 수 있다.

캐나다 로키를 방문한다면 최소한 이들 네 가지는 경험해 봐야 할 테니까 이 티켓을 이용할 것을 추천한다.

온라인으로 예매를 하면 당연히 줄을 설 필요가 없어 시간을 절약할 수 있으며, 구입 시 날짜와 시간을 지정하기는 하지만 상당히 여유 있는 기간 동안 이용 가능하니 유효기간에 대해서는 걱정하지 않아도 된다.

이 시설들은 Pursuit라는 회사가 운영하는데 개별적으로 사려면 이용 요금이 요일별로 조금씩 다른 곳도 있다.

Jasper SkyTram은 운영주체가 달라 이 패키지에 포함되지 않기 때문에 별도로 티켓을 사야 한다.

이렇게 해서 우리는 사전에 인터넷으로 구입한 캐나다 로키 **Big 5** 티켓을 큰 어려움 없이 잘 사용했다. 당연히 줄을 서서 티켓을 사는 데 걸리는 시간이 많이 절약되었을 것이고, 귀찮아서 계산을 해보진 않았지만 적잖은 금액도 절약되었을 것으로 생각한다. 이 지역은 물가가 굉장히 비싼 곳이다. 관광명소 이용 입장료도 엄청 비싸다. 우린 **Combo Ticket**을 사서 비용 절약을 했고, 티켓을 사느라 줄 서서 기다리는 시간도 절약했으며, 감사하게도 놓친 곳 하나 없이 다 이용했으니 상당히 알뜰하게 즐긴 셈이라고 스스로를 추켜세워 본다.

Banff Gondola를 타고 **Sulphur Mountain**에 오른 후 잘 정비된 보드워크 Boardwalk를 따라 **10**여 분 걸으면 진짜 정상이 나타난다. 소위 말하는 파노라마 전망대로 360도 사방이 확 트인, 시원한 전망이 눈에 들어온다. **Banff Town**은 물론이고, **Fairmont Banff Springs Hotel, Tunnel Mountain, Cascade Mountain, Rundle Mountain, Mount Norquay, Bow River, Vermilion Lake** 등 여행을 떠나기 전엔 말만 들어도 가슴이 벅차올랐던 그런 곳들이 한눈에 보인다. **Tunnel Mountain**에서 보던 전망과는 차원이 또 다르다.

여행을 마감할 시간이 다가온다는 생각에 아쉬움이 자꾸만 더해간다. 마음 한 켠엔 시간이 좀 천천히 갔으면 하는 바람도 있다. 그래도 가는 세월을 막을 수는 없지.

오랜 옛날 가수 서유석씨가 불러 히트한 노래 '가는 세월'을 콧노래로 불러본다. 가는 세월 그 누구가 막을 수가 있나요. 흘러가는 시냇물을 막을 수가 있나요...

다음은 우리가 기대하던 또 하나의 즐거움, 온천욕을 하러 갈 시간이다. 야외 노천탕인 Upper Hot Springs는 수영복을 입고 입장하여 남녀가 공동으로 이용하는 곳이다. 타월을 가져가면 1인당 $2의 대여료를 내지 않아도 된다.

물의 온도나 수질은 그저 그런 정도지만 이곳이 워낙 오래전부터 온천이 있었던 곳이라 몸에 좋으려니 하면서 긴장을 풀고, 눈을 감고 휴식을 취하니 몸과 마음이 한결 느긋해진다.

이곳에 오기 전부터 Fairmont Banff Springs Hotel 내부가 궁금했었다. 얼마나 고급 호텔일까?

캠핑장으로 돌아가는 길에 들른 호텔은 관광지가 아니라서 적당히 주차할 곳이 없다. 공간은 있지만 주차요금이 엄청 비싸다. 어찌어찌 해서 산책로 입구 후미진 곳에 주차를 하고 한참을 걸어서 호텔 로비를 향해 걸어간다. 자세히 보니 이 호텔은 벽돌이 아니라 갈색 돌을 쪼개 외벽을 장식해서 이렇게 고풍스러운 느낌을 자아낸다. 이 많은 돌을 어디서 구해왔을까? 얼마나 많은 인부들이 동원돼서 돌을 쪼개고 갖다 붙였을까? 그저 놀라울 뿐이다.

호텔 내부는 호화스럽고 멋지기는 하지만 지금까지 본 여러 고급 호텔 내부에 비해 특별한 느낌이 들지는 않는다. 커피라도 한 잔 하고 호텔을 나서고 싶은데 늦은 오후 시간이라서 그런지 손님도 별로 많지 않고 종업원들은 어쩐지 저녁 장사를 준비하는 듯한 그런 분위기다.

30여분의 호텔 내부 구경을 마치고 차를 몰아 캠핑장에 돌아오니 18:30이다. 스테이크를 구워서 와인 한 잔 곁들여 저녁을 먹으며 캐나다 로키의 마지막 밤을 보내면서 지난 일주일 간의 여행을 회상하는데 머릿속은 온통 에메랄드 빛 호수와 진녹색 가문비나무Spruce, 전나무Fir, 소나무Ponderosa Pine Tree로 가득하다.

도착 첫날과 이튿날, 예기치 못한 사건으로 인해 일정이 꼬여버린 데 대한 아쉬움이 없는 건 아니지만 그래도 이 정도면 충분히 만족스러웠다고 스스로를 위로해 본다. 캐나다 로키 이 먼 곳까지 와서, 아무나 쉽게 해보지 못하는 RV 여행도 해보고, 아무런 사고 없이 잘 먹고 잘 지냈으니 이만하면 됐지. 끝없이 이어지는 전나무숲, 수도 없이 많은 푸르디 푸른 호수들, 만년설로 뒤덮인 거대한 설산들. 눈과 숲과 호수 세 가지는 원 없이 보고 간다.

■ 실제 여행 일정

Day	From	To	Activity	소요시간	비고
7일차	9:15	9:45	캠핑장 -> Minewanka Lake 이동	0.5	
	9:45	10:45	Minewanka + Two Jack Lake 드라이브	1	
	10:45	11:15	Two Jack Lake -> Tunnel Mountain 주차장	0.5	
	11:15	12:30	Tunnel Mountain 트레킹	1.25	
	12:30	13:30	점심	1	Banff 맛집 포장음식
	13:30	14:00	Banff 시내 -> Banff Gondola 이동	0.5	
	14:00	16:00	Banff 곤돌라	2	
	16:30	17:30	Upper Hot Springs 온천욕	1	
	17:45	18:15	Fairmont Banff Hotel 투어	0.5	
	18:15	18:30	Banff Hotel -> 캠핑장 이동	0.25	
			숙소: Tunnel Mountain Trailer Court (2/2)	8.5	

<투어 7일차 시간대별 이동 및 Activity>

■ 여행 출발 전 계획

	From	To	Activity	소요시간	
7일차 (9.12 월)	9:00	11:00	Tunnel Mountain 트레킹	2	
	11:00	12:00	Minewanka Lake 드라이브	1	
	12:00	13:00	점심	1	
	13:00	14:00	Banff 시내	1	
	14:00	15:00	Fairmont Hotel 투어	1	
	15:00	17:00	Banff 곤돌라	2	
	17:00	19:00	Upper Hot Springs 온천욕	2	
			숙소: Tunnel Mountain Trailer Court (2/2)	10	

■ 오늘의 지출

구 분	비 용
Take Out Lunch @ Touloulous	$20
Hot Springs	$17
합 계	$37

Day 8

Adiós Canadian Rockies!

차를 반납하는 일까지 마쳐야 여행이 끝났다고 할 수 있으니 아직 다 끝난 건 아니지만, 또 이런저런 해프닝도 적잖게 겪기는 했지만, 지난 일주일을 돌이켜 보면 그래도 큰 어려움없이 여기까지 온 것이 너무도 감사한 일이다.

건강과 안전을 지켜 주신 하나님께 감사하는 마음이다. 멋진 요리를 선사해줄 뿐만 아니라 피곤할 땐 운전도 거들어 주고, 때로는 멋진 아이디어를 제시하면서 함께해 준 아내가 고맙다. 차를 빌려준 Roman 등 주변의 모두가 고마운 사람들뿐이다.

여유롭게 아침을 먹은 후 떠날 채비를 한다. 일반오수는 엊저녁 이후 사용하는 족족 다 비웠으니 남은 화장실오수만 마저 비우면 된다. 오수 처리를 마치고, 호스를 걷어 정위치 하고, 식수를 가득 채운 다음 차내를 정리하고 쓰레기를 치운다.

30여분 간 차 내부와 주변을 깨끗이 정리한 후 09:15 캠핑장을 출발해 Calgary 시내 주유소에 도착해서 디젤 연료와 프로판가스를 채웠다. 11:15 차주인 Roman의 집에 도착하니 부부가 달려 나오며 반갑게 맞는다.

Roman은 10여 분가량 어디 상한 곳이 없는지 차를 둘러보고, 나는 그간 우리가 차를 쓰면서 경험했던 자잘하게 불편했던 점들에 대해 알려준다. 이윽고 Roman이 RVezy에 오케이 사인을 보내자 이내 내 휴대폰으로도 신호가 온다. 무사히 여행을 마치고 차를 반납한 것을 축하한다며 보증금은 수일 내에 반환될 거라고 한다.

차를 반납하고 나니 시원한 마음 못지 않게 서운함 또한 크다. 그동안 우리의 침실이자 식당이요 더없이 고마운 이동 수단이었는데, 이젠 작별을 고해야 할 시간이다. Roman은 인근 지하철역까지 좀 데려다 줄 수 있느냐는 내 질문에 고맙게도 "My pleasure!" 하면서 화답한다.

Good bye, my Winnebago View!

보증금 CA$1,000은 이틀 후인 9월 15일에 신용카드로 전액 환급되었다.

우리는 여행기간 동안 뉴욕에서 일하는 딸의 카드를 썼다. 현지 카드를 사용하면 나중에 정산을 할 때 일단 환율 면에서 유리하다. 현찰을 사는 값이 아닌 매매기준율을 적용하고, 카드회사로 빠져나가는 수수료도 절약할 수 있다. 게다가 설령 환율이 안 좋더라도 딸에게 가는데 뭐가 대수랴?

우리가 여행한 2022년 9월은 환율이 달러 당 1,450원까지 오르는 최악의 시기였다. 환율이 가파르게 상승한 탓에 보증금 CA$1,000은 9월 3일에 US$764.99였는데 9월 15일 환불을 받을 땐 $10가 부족한 US$755.06 이었다. 소중한 내 돈 $10은 어디로 날라갔나?

오늘 일정은 차를 반납하는 일이 전부다. 반납에 앞서 차량 연료와 프로판 개스를 충전하고 나니 정확히 원래 계획했던 11시다.

■ 실제 여행 일정

Day	From	To	Activity	소요시간	비고
8일차	8:45	9:15	Waste Dumping 및 RV 내부 정리	0.5	
	9:15	10:45	캠핑장 -> Calgary 시내 주유소 이동	1.5	
	10:45	11:00	주유 및 Propane 개스 충전	0.25	
	11:00	11:15	Banff -> Calgary RV Owner 집으로 이동	0.25	
	11:15	11:45	RV 반납 및 Inspection	0.5	

<투어 8일차 시간대별 이동 및 Activity>

■ 여행 출발 전 계획

8일차	9:00	11:00	Banff -> Calgary	2	
(9.13 화)	11:00		렌터카 반납		

■ 오늘의 지출

구 분	비 용
주유	$90
Propane Gas	$24
합 계	$114

여행에 대한
종합 평가

어디 한 곳 다치거나 아픈 데 없이, 단 한 번의 교통사고나 딱지 떼인 적 없고, 사기를 당하거나 바가지를 쓰지도 않고, 출발 전에 구입한 $500이 넘는 입장권을 못 쓰거나 하나라도 놓치지 않고, 그 밖의 위험에도 처한 적 없이 안전하게 여행을 마쳤으니 참으로 감사한 일이다.

돌이켜보면 아주 큰 사건이 있었다. Jasper 인근에 발생한 산불로 인해 우리의 일정에 상당한 영향을 받았지만 그나마 우리는 당시 상황에 침착하게 잘 대응했다는 생각이다.

주유와 식수를 보충하느라 적지 않은 소중한 시간과 돈을 낭비했지만, 그런 어려움 속에서도 Valley of 5 Lakes와 Maligne Canyon 트레킹, Pyramid Lake 산책 정도만 놓쳤으니 그만하면 선방을 했다는 생각이다.

캐나다 로키 여행을 되돌아보며 몇 가지 항목을 짚어본다.

RV 렌트

여행에서 잘한 일 중 하나는 RVezy를 통해 차를 렌트한 일이었다. 전문업체에서 빌린 것에 비해 최소 $1,000은 저렴하게 빌렸단 생각이다. 차가 좀 낡

긴 했지만 깨끗하고 배기량이 작은 탓에 연료비도 많이 아꼈다. 누군가가 내게 의견을 물어온다면 나는 주저없이 여길 이용하라고 권하고 싶다.

출발 도시 선택

뉴욕에서 출발한 우리는 달리 대안이 없기도 했지만 여행의 시작과 끝을 Calgary로 잡은 것도 현명한 선택이었다고 생각한다.

한국에서 출발하는 분들은 Calgary의 대안으로 Vancouver, Alberta 주의 주도인 Edmonton 등도 고려해 보기 바란다.

여행 기간

7박8일의 여행 기간도 대체로 적절했다는 생각이다. 물론 이틀쯤 더 늘려 9박10일로 잡았으면 놓친 곳 없이 다 돌아볼 수 있었겠지만 그렇게 따지자면 한이 없다.

RVezy에서 예약한 차량을 3시간 앞당겨 10:00에 픽업할 수 있어서 거의 하루를 벌 수 있었던 것도 행운이었다.

일정계획 수립

이 부분은 좀 반성이 필요하다.

처음부터 일정을 너무 빠듯하게 잡은 탓에 여유로움을 즐기지 못했다. 하루 두 개를 넘는 일정을 잡는 것은 바람직하지 않다고 생각된다.

이동시간을 계산할 때도 구글지도에서 나오는 시간의 20% 정도는 더 잡는 게 좋다. 구글에 나오는 시간은 그저 차로 달리는 시간만 보여준다. 출발

전후로 여유 시간이 필요하다. 목적지에 근접하면 이동 속도도 조금 느려진다. 멋진 곳이 보이면 쉬어 가는 여유도 즐겨야 한다.

주요 관광명소를 이용할 때는 예약확인표를 가지고 가서 체크인을 해야한다는 점을 간과한 까닭에 더욱 시간 여유가 없기도 했다. 도착 후 시설을 이용하기까지 최소 30분 이상의 대기시간이 필요하다.

우리는 대체로 매일 18:00 전후로 캠핑장에 도착하는 일정을 예상했었는데 이것도 늦다. 17:00 정도에 도착한다고 생각하면 한결 여유가 있다.

여행 비용

우리는 미국에서 출발했고, 또 여행을 마치고는 캐나다 동부의 다른 도시로 이동했다. 따라서 여행비를 산출하는 데 있어서 항공료 부분이 좀 명확하지 않을 수 있어서 이 부분은 좀 논외로 치고 살펴보고자 한다.

캐나다 로키는 물가가 굉장히 비싼 곳이다. 호텔비도 비싸고 자동차 렌트도, 연료비도, 음식값도, 유료 시설 입장료도 아주 비싼 곳이다. 3성급 호텔의 숙박비와 승용차 렌트만 해도 하루 US$600로서 RV 렌트의 2배가 넘는다. 따라서 우리가 RV 여행을 선택한 것은 그야말로 '꿩 먹고 알 먹기' 수준의 탁월한 판단이 아니었나 생각한다. 비용도 절약하고, RV 여행의 즐거움도 만끽하고...

RV를 렌트할 때 전문업체 대신 RVezy를 선택해서 CA$1,000이 넘는 비용을 절약했으며, 렌트한 차에 국립공원 Pass가 있어서 그 비용 CA$145도 아끼는 쾌감을 느꼈다.

둘이서 하루 평균 $120가량의 비용을 지출했는데 결코 옹색하지 않게 즐겼단 생각이다. 음식도 좋아하는 걸로 충분히 맛보았다. 무엇보다 중요한 것은 돈을 허투루 쓴 일이 거의 없이 써야할 데 썼다는 점이다.

음식

앨버타산 소고기는 세계 최고 수준의 품질을 자랑한다고 한다. 우린 그런 고기로 요리한 스테이크를 조금 과장해서 말하면 '원 없이' 먹었다. 게다가 우리 부부가 좋아하는 와인도 부족함 없이 마셨다.

 캐나다에선 연어도 많이 잡힌다. 훈제 연어로 만든 샌드위치와 샐러드 는 언제 먹어도 맛있다. 멜론Honey Dew, Cantalope에 하몽Jamon을 얹은 Melon con Jamon, 토마토에 모짜렐라 치즈를 듬뿍 썰어 넣은 카프레제Caprese 등은 여행 내내 우리에게 큰 즐거움을 주었다.

와인을 부르는 RV 요리

- Caprese (왼쪽)
- Smoked Salmon Salad (가운데)
- Melon con Jamon (오른쪽)

관광명소 선정

우리가 계획하고 다녀온 곳 아래 명소들은 그야말로 환상적인 곳들이었다. 기회가 되면 다음에 다시 가보고 싶다.

- Bow Valley Parkway
- Jasper SkyTram
- Edith Cavell Meadow
- Medicine Lake & Maligne Lake
- Icefield Parkway Explorer & Glacier Skywalk
- Emerald Lake
- Field Town
- Lake Louise
- Beehive 트레킹
- Moraine Lake
- Larch Valley 트레킹
- Vermilion Lake 자전거 트레킹
- Banff Town
- Minnewanka Lake & Two Jack Lake 드라이브
- Banff Gondola
- Upper Hot Springs 온천욕 등등

다만, 개인적으로 Johnston Canyon, Fairmont Banff Springs Hotel 등 두 곳은 다소 기대에 못 미쳤으며, Tunnel Mountain 트레킹은 정상에서 바라보는 전망과 Banff Gondola를 타고 오른 Sulphur Mountain의 그것과 중복되는

부분이 많았다.

우리가 가보지 못한 곳 중에서 Lake O'hara는 접근이 너무 어려워 아쉬움을 접어야 했는데 여기까지 가보려면 여행기간을 적어도 9일은 잡고 왕복 22Km를 걸어서 다녀올 각오를 해야만 할 것 같다. 다음에 또 간다면 열 일을 제쳐 놓고 찾고 싶은 곳이다.

Jasper 산불로 인해 일정이 꼬여버린 Valley of 5 Lakes와 Maligne Canyon도 역시 아쉬움이 남는 곳이다. Columbia Icefield 관광안내소와 Lake Louise 사이에 있는 Peyto Lake 전망대를 놓친 것도 많이 아쉽다. 길가 주차장에 차를 세우고 잠시 다녀올 수 있는 곳이었는데 마음이 급해서 건너뛰고 말았다.

Banff에서 시작? 아니면 Jasper부터?

Calgary에서 차를 빌린다면 Banff에서 여행을 시작해 북쪽 Jasper에서 마치는 게 좋을까, 아니면 그 반대가 좋을까?

당연히 정답은 없다. 우리는 해외에서 일하는 두 딸이 합류했다가 중간에 돌아가게 되면 Calgary 공항에 데려다 줘야 할 가능성을 열어 두느라 Jasper에서 여행을 시작해서 Banff에서 마쳤다.

그런데 일반적으로 여행을 설계할 때는 먼 곳부터 가는 것이 더 좋다. 여행을 마치고 돌아가는 길이 짧아서 귀가길이 좀 덜 피곤하고 시간을 맞추기 편하기 때문이다.

마지막 날 오전 중에 차량을 반납하는 것을 감안해도 역시 멀리 있는 Jasper에서 가까운 Banff로 이동해서 하룻밤 자고 다음 날 Calgary에 도착하는 것이 더 수월하지 않을까 싶다.

Chapter 2

우리가 방문한 관광명소들

Banff 권역

Banff Town

Banff Ave를 따라서 음식점과 가게들
이 늘어서 있는 모습이 주요 볼거리이
며 남쪽에서 북쪽으로 걷다 고개를 들
면 보이는 눈 덮인 Cascade Mountain
의 모습이 장관이다. 남쪽의 Bow River
에 걸쳐진 다리를 건너면 만나게 되는
Cascade of Time Garden도 볼거리 중
하나다.

　시내에 주차하는 건 어렵지만 Train
Station Public Parking에 가면 무료 주
차가 가능하다.

- 소요 시간 : 3 시간
- 주차 : Train Station Public Parking (좌표 51.182657400235684,
　　　 -115.57339624865557)

Vermilion Lake

주홍색 호수라는 뜻의 Vermilion Lake는 자전거 트레킹 코스로 유명한 곳이
다. Banff Sign에서 시작하여 Vermilion Lakes Rd를 따라 Bow Valley Parkway
진입로에 이르는 6.5Km를 돌아오는 코스다.

Banff Sign에서 왼쪽 숲으로 들어가면 Vermilion Lake인데 이 숲길 또한 비
포장 자전거길로 멋진 곳이다.

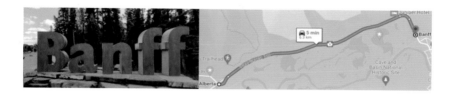

자전거는 시내 Snowtips-Bactrax(좌표 : 51.17814183498, -115.5723
6901194157) 라는 대여소에서, 자전거 종류에 따라 대체로 시간 당 $10의
비용으로 빌릴 수 있다.

● 소요 시간 : 숲속까지 포함하여 자전거로 2시간

● 시작 : Banff Sign(좌표 51.18223340075384, -115.579821917 20224)

● 종료 : Bow Valley Parkway 입구(좌표 51.1692005192618, -115.
    65533492819779)

● 주차 : Train Station Public Parking

Minnewanka Lake & Two Jack Lake

구글맵에서 'Lake Minne wanka
Scenic Drive'를 검색하면 쉽게
찾을 수 있는 자동차 드라이브
코스다.

　Minnewanka Lake 주차장에
차를 세우고 호수를 감상한 후,
Scenic Drive를 따라 Two Jack
Lake로 이동하면서 중간중간
호수 아래를 내려다보는 경치
가 장관이다.

- 소요 시간 : 2시간 (25Km)
- 주차 : 호수 입구와 도로변 Viewpoints

Tunnel Mountain

Banff Town과 Bow River, Fairmont Banff Springs Hotel을 비롯하여 Mount
Rundle, 멀리 Vermilion Lake까지 한눈에 들어오는 멋진 전망을 자랑한다.
　주차장 길 건너편에서 시작하여 지그재그로 난 등산로를 따라 정상에 오
르는 길은 평탄하여 등산화를 신지 않고도 어렵지 않게 오를 수 있다.

 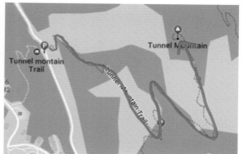

- 소요 시간 : 왕복 2시간
- 주차 : 좌표 51.17695250711011, -115.56012628693209

Fairmont Banff Springs Hotel

적갈색 돌로 외관을 장식한 건물이 특징이며 Fairmont Chateau Lake Louise Hotel과 함께 캐나다 로키를 대표하는 최고급 호텔이다.

- 소요 시간 : 30분
- 호텔 내에 적당한 주차장이 없으며 한적한 곳에 요령껏 주차

Banff Gondola

Sulphur Mountain Gondola로도 불리지만 정식 명칭은 Banff Gondola다. 8분간 Gondola를 타고 2,285m 상단 탑승장에 오른 후 나무로 된 보드워 Boardwalk를 따라 10여 분을 걸으면 기상대가 있는 Sulphur Mountain 정상에 도달한다.

360도 파노라마 전망대가 있는 정상에서는 Banff Town, Bow River,

Fairmont Banff Springs Hotel을 비롯하여 Cascade Mountain, Tunnel Mountain, Mount Rundle 등의 눈부시게 아름다운 전망을 감상할 수 있다.

한글로 된 환영 인사를 보면 더욱 친근감이 생기는 곳으로 캐나다 로키를 방문하는 사람에겐 놓칠 수 없는 필수 관광지 중 하나다.

입장권은 현장에서 사도 되지만 다른 관광명소들과 합쳐서 온라인으로 통합입장권Combo Ticket(⇨63쪽 참고)을 사면 훨씬 저렴하고 줄을 서서 기다리지 않아도 된다.

- 소요 시간 : 2시간
- 주차 : 매표소 인근에 커다란 무료 주차장

Upper Hot Springs

Banff Gondola 바로 옆에 위치하고 있어 차를 그대로 둔 채 자연스레 이동하게 되는 온천이다. 수영복을 입고 남녀가 함께 사용하는 공용 노천탕이며 수영복과 타월을 가져가면 돈을 주고 빌리지 않아도 된다.

- 소요 시간 : 1시간 30분
- 입장료 : $9.25; 수영복/타월 대여 각 $2
- 주차 : Banff Gondola 주차장 이용

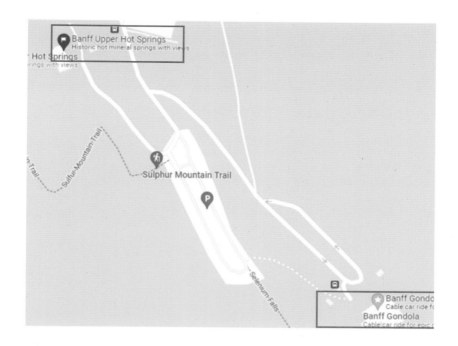

Bow Valley Parkway

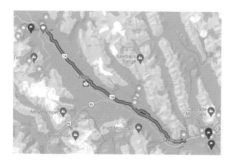

Banff에서 Lake Louise에 이르는 50Km 길이, 편도 1차선의 전망이 좋은 길이다.

1A 고속도로와 나란히 가는데 끝없이 이어지는 고즈넉한 숲길과 도로변에 펼쳐지는 거대한 바위산들의 모습이 매우 인상적이다. 자전거를 타고 가는 사람을 수시로 볼 수 있으며 야생동물도 자주 출현한다고 한다.

● 소요 시간: 1시간

- 시작 지점 : 좌표 51.1690886794244, -115.65744696270743
- 종료 지점 : 좌표 51.4254654768275, -116.16237924976005

Johnston Canyon Trail

Johnston Canyon Lodge에서 시작하여 Lower Falls와 Upper Falls를 거쳐 Ink Pots에 이르는, 왕복 10Km 코스다. 우리는 Lower Falls만 구경하고 Upper Falls로 가는 진입로에서 막혀 더 이상 올라가지는 못했는데 개인적으론 다른 곳에 비해서 감흥이 덜했으며 다시 방문한다면 다른 곳에 시간을 더 할애할 것 같다.

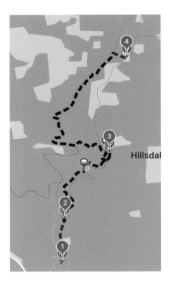

- 소요시간 : ② Lower Falls 왕복 1시간,

　　　　　③ Upper Falls 왕복 2시간,

　　　　　④ Ink Pots 왕복 4시간

　　※ 출발지점인 ①에서부터의 소요시간을 의미

- 주차 : Johnston Canyon Lodge 주차장은 사설 유료 주차장이며 다리 건너에 무료 주차장이 있다.

- 무료 주차장 : 좌표 51.24551802875716, -115.83989184164155

**Lake Louise
권역**

Lake Louise

긴 말이 필요 없는 캐나다 로키 여행의 필수 관광코스 중 하나다. 빙하가 녹아 만들어진 에메랄드 빛 호수와 주변의 울창한 숲이 완벽한 조화를 이루어 환상적인 경치를 만들어낸다. 카누Canoe는 Lake Louise에서 즐길 수 있는 대표적인 탈 것 중 하나인데 렌트 비용이 꽤 비싸다. 시간 당 $130.

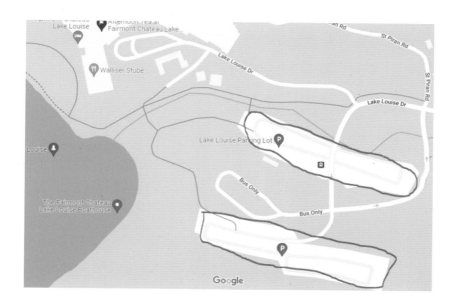

- 소요 시간 : 1시간
- 주차 : 주차장은 큰데 그다지 여유롭다고 하긴 어려울 듯. 국립공원 내 주차는 기본적으로 무료이며, 호수에서 가까운 지역에 유료주차장도 있다.

Fairmont Chateau Lake Louise Hotel

Lake Louise를 찾는 관광객이 많은 탓에 호텔 출입 통제가 매우 엄격하다. 호텔 내 식당 조차도 외부인에게 개방하지 않으며, 투숙객이 아닌 사람이 입장 가능한 곳은 애프터눈 티Afternoon Tea로 유명한 Fairview Bar & Restaurant 이 유일하다. 값도 상당히 비싸고 12:00 ~ 14:30 사이에만 판매하며 당연히 예약을 해야만 정문 통과가 가능하다.

내가 언제 다시 여기에 와서 호사를 누리겠느냐 하는 사람들은 애프터눈 티를 한 번 시도해 보시기를 권한다.

- 주차 : 식당 이용 손님은 호텔 주차장 사용 가능

Little & Big Beehives

Lake Louise의 참 모습을 감상할 수 있는 곳이다. Agnes Lake에 비치는 Big Beehive의 모습은 봉우리 이름이 왜 벌집(Beehive)인지를 여실히 보여준다. 우리는 시간 관계 상 Little Beehive만 올랐는데 여기서 보는 Lake Louise 는 주변의 숲과 조화를 이루어 가까이서 보는 것과 완전히 다른 색을 보여준다.

● 소요 시간 : Little Beehive 2시간(Big Beehive는 2시간 추가)

● 주차 : Lake Louise 주차장

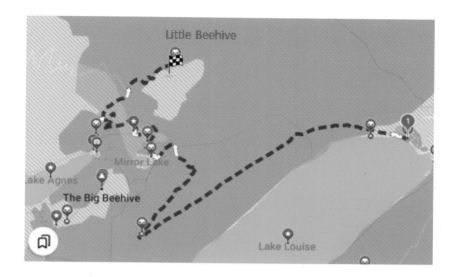

Moraine Lake

Moraine Lake는 아름답기로 소문이 난 곳이지만 주차가 어려운 곳으로도 이름이 높다. 호수 뒤편으로 보이는 열 개의 봉우리Ten Peaks의 모습이 참으로 멋지다. 카누를 렌트해서 탈 수도 있는데 이용료가 1시간에 무려 $130이다. 호수 오른쪽을 따라 걸어 올라가면 Larch Valley를 거쳐 Sentinel Pass에 이른다.

주차가 워낙 어렵기 때문에 셔틀버스를 이용하는 것이 좋다. 개인적으론 Lake Louise나 Emerald Lake보다도 훨씬 더 아름다운 곳이란 생각이다.

● 소요 시간 : 1시간

● 주차 : 03:30에 주차통제소에 도착했는데도 자리가 없었다. Park & Ride
에 주차한 후 셔틀버스를 이용할 것을 권장한다. 사전에 버스표
를 예매해야 한다.

Larch Valley & Sentinel Pass

Larch는 우리 말로 낙엽송으로, 소나무과에 속하는 침엽수인데도 가을이 되
면 황금색으로 단풍이 든다. Moraine Lake에서 시작하여 Ten Peaks를 바라
보면서 정상인 Sentinel Pass에 이르는 구간이 Larch Valley다.

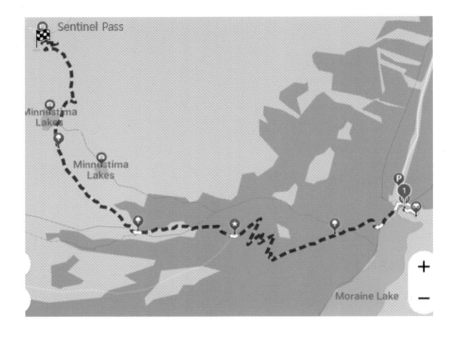

　정상인 Sentinel Pass에 오르면 주변은 온통 바위뿐이지만 햇빛에 반사되
어 반짝이는 Minnestimma Lake의 환상적인 자태는 아름다움의 극치를 보

여주는 것 같으며, 뒤편으로 보이는 Paradise Valley의 풍광은 그야말로 한 폭의 그림과 같다.

이곳에는 곰이 자주 출몰한다고 알려져 있다. 이 지역의 곰은 흑곰Black Bear 과 회색곰Grizzly Bear 두 종류가 있는데, 회색곰은 사람을 공격하기 때문에 마주치면 위험하지만 우리는 회색곰은 물론 흑곰 한 마리도 보질 못했다.

결코 쉽지 않은 코스이며 장시간이 소요되기 때문에 도시락과 충분한 양의 물을 가져가야 한다.

- 소요 시간 : 4시간
- 주차 : Moraine Lake 부분 참고

Emerald Lake & Natural Bridge

Emerald Lake 역시 이름에서 상상해볼 수 있듯이 호수의 색깔이 아름답기로 유명한 곳이다. Yoho 국립공원에 속해 있으며 Lake Louise 캠핑장에서 서쪽으로 40Km가량 떨어진 곳에 위치해 있다. 카누를 렌트해 탈 수도 있는데 요금이 꽤 비싸다. 시간 당 $90.

Natural Bridge는 호수 7Km 전방에 있는, 바위로 된 자연적인 다리로서 강물의 풍화작용에 의해 깎여서 형성되었다.

- 소요 시간 : Natural Bridge와 합쳐서 1시간
- 입구에 자그마한 주차장이 있으며 도로변 주차도 가능

Field Town

Field는 Natural Bridge 인근의 아담한 마을로서 점심을 먹으며 쉬어 가기에 딱 좋은 곳이다. 개인적으론 Truffle Pigs Bistro란 식당이 아주 멋진 곳이었다. Rose Wine 한 잔도 좋았고.

- 주차 : 식당 근처에 요령껏 주차

Icefield Parkway 권역

Columbia Icefield

Pursuit라는 회사에서 운영하는 Columbia Icefield Explorer 투어 프로그램에 따라 설상차Ice Vehicle를 타고 Athabasca 빙하에 올라가 그 위를 걷는 것이 관광 포인트. Columbia Icefield Glacier Adventure에 도착하여 체크인을 한 다음 배정된 시간에 그룹을 지어 이동한다.

다음 페이지 지도의 ①에서 일반버스를 타고 출발하여 중간에 ②에서 설상차로 바꿔 탄다. ③설상차에서 내려 30여분 간 자유롭게 빙하투어를 마치고 난 후 다시 설상차·일반버스로 갈아타고 내려오는 코스다. Skywalk 투어와 연계되어 있어서 일반버스는 ⑤Glacier Skywalk로 바로 이동한다.

설상차 투어를 원치 않는 사람은 ④번 주차장에 주차를 하고 거기서부터 걸어 올라갈 수도 있다.

- 소요 시간 : 2시간
- 캐나다 로키의 필수 방문지 중 하나로, 사전 체크인 필요
- 주차 : Columbia Icefield Glacier Adventure에 큰 무료 주차장

Glacier Skywalk

280m 깊이의 협곡 위에 유리와 철제로 만든 타원형 전망대로서 Columbia
Icefield Explorer(설상차 투어)와 통합하여 운영되므로 별도의 체크인은 불
필요하나 개별적인 방문은 불가하다.

주차 공간은 없고 오직 Pursuit사의 버스로만 접근이 가능하다.

제한된 이용 시간 없이 개별적으로 Skywalk 위를 걸은 후 원하는 시간에 10여 분을 걸어 버스 승차장으로 이동해서 줄을 서서 기다렸다가 10여분 간 버스를 타고 Columbia Icefield Glacier Adventure로 돌아온다.

- 소요 시간 : 30분 ~ 1시간 (버스 타고 이동하는 시간 제외)
- 주차 : Columbia Icefield Glacier Adventure 주차장 이용

Jasper 권역

Edith Cavell Meadow

Edith Cavell은 1차 세계대전에서 활약한 영국인 간호사의 이름이다. Mount Edith Cavell 중턱에는 엄청난 규모의 Angel 빙하가 곧 쏟아질 듯한 웅장한 모습을 하고 있는데 이를 조망할 수 있는 곳이 Edith Cavell Meadow다. 지금도 Angel 빙하가 녹아내려서 조그만 호수로 떨어지는데 다른 곳에서는 쉽게 보기 어려운 멋진 경치다.

Jasper Town에서 남쪽으로 30여Km 거리에 있다. 꼬불꼬불한 길을 운전해 제법 가야 한다.

- 소요 시간 : 2시간
- 입구에 주차장 : 좌표 52.687395408625335, -118.05578931644536

Jasper SkyTram

승차장에서 30명 규모의 케이블카를 타고 10여분을 오르면 SkyTram 정상에 도달하며, 여기서 다시 도보로 30여분을 더 가면 2,480m 높이의 Whistlers Mountain 정상, Whistlers Peak에 이른다.

정상에서 바라보는 짙은 코발트색의 호수들 - Pyramid Lake, Patricia Lake, Annete Lake, Edith Lake 등 - 과 거대한 규모의 Whistlers Campground, 캐나다 로키를 관통하는 Icefield Parkway 등이 조화를 이루는 모습은 말로 표현하기 어려우리만치 아름다워 역시 이곳에 오길 잘했단 생각을 수없이 반복하게 한다.

정상은 고도가 높은 만큼 항상 바람이 심하게 분다. 우리가 방문했던 날은 거의 사람이 제대로 서있을 수조차 없는 수준이어서 Whistlers Peak에 오르는 길은 포기해야 했다. 뿐만아니라 한동안 케이블카 운행이 중단돼 정상에서 1시간 넘게 발이 묶이기도 했다. 마찬가지로 아래서 기다리던 사람들 역시 마냥 기다리는 수밖에 없었다. 케이블카 정상에는 멋진 카페가 있다.

SkyTram을 타기 위해서는 티켓 카운터에서 체크인을 해서 사전에 탑승시간을 배정받아야 한다. 첫 케이블카 운행시각은 10:15다.

- 소요 시간 : 2시간
- 입구에 커다란 무료 주차장

Medicine Lake

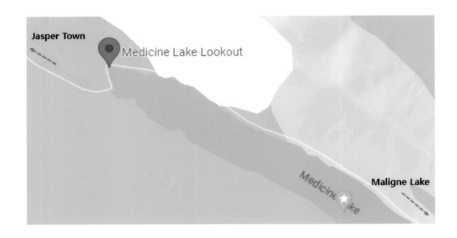

Jasper Town에서 Maligne Lake로 가는 길 중간쯤에 조망이 뛰어난 Viewpoint가 있다. 우리는 Jasper 일대의 정전으로 인해 Whistlers 캠핑장에서 쫓겨났기 때문에 갈 곳이 없었다. 그래서 이 지점에서 하룻밤 자고 갈 생각으로 일단 저녁식사를 했는데, 때마침 호수에 비친 멋들어진 보름달은 참으로 환상적인 모습이었다.

하지만 인적이 드물고 무서운 느낌도 들어 결국은 Maligne Lake 주차장에 도착해 노숙을 했다. 이 외에도 중간중간 차를 세우고 호수의 경치를 감상할 수 있는 주차공간이 있다.

- 주차장 : 좌표 52.873226596552726, -117.805206647031

Maligne Lake

탑승 인원 50명 규모의 보트를 타고 약 30분을 달려 Spirit Island 인근 선착장에 내린 후 30여 분 동안 근처를 돌아보면서 Spirit Island를 조망하는 것이 투어의 핵심이다. Spirit Island는 캐나다 로키의 랜드마크 중 하나인데 엄밀한 의미에서 섬은 아니며, 20여 그루의 나무가 자라고 있는, 육지와 연결된 조그만 지역이다.

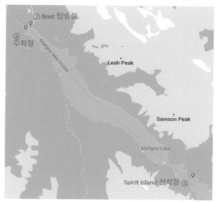

잔잔한 호수 주변을 온통 소나무숲과 높은 산, 빙하가 둘러싸고 있어 캐나다 로키 여행의 진수를 보여주는 곳이다. 필수 방문지 중 하나다.

보트를 타기 위해서는 티켓 카운터에서 체크인을 해서 반드시 사전에 탑승 시간을 배정받아야 하며, 마지막 탑승 시간 30분 전에 도착해야 한다.

● 소요 시간 : 2시간

● 주차 : 좌표 52.72658349471155, -117.64504465768343

다음 장소들은 우리의 여행 일정에는 있었지만 시간이 없어서 방문하지 못한, 아쉬움이 참 많이 남는 곳들이다. 이 책을 읽는 독자들이 여행 계획을 세울 때 참고할 수 있도록 간단히 소개한다. 부디 우리 부부처럼 놓치는 일이 없기를 바란다.

Valley of 5 Lakes

우리는 RV 차주가 숙소로 우리를 데리러 오기로 약속한 시간 자체가 늦은 데다가 차량 인수 후 수퍼마켓에서 장을 보느라 지체하는 바람에 예정보다 1시간쯤 늦은 18:45에야 Valley of 5 Lakes 입구에 도착했다.

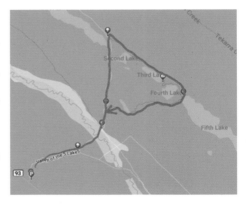

그 시간에도 Valley of 5 Lakes에 가려면 못 갈 것도 없었지만 첫날부터 무리하지 않기로 하고 다른 날을 기약하다가 끝내 놓치고 말았다.

● 주차 : 입구에 충분한 주차 공간

Jasper Town

Jasper Town은 도착하는 날 저녁에 방문할 예정이었는데 먼 길을 달려오느라 피곤해 다음 날로 미뤘다. 그런데 산불로 인한 비상사태로 다음 날 일정이 우리의 계획과 많이 틀어져 버렸다. 가게도, 음식점도 주유소도 문을 닫은 Jasper 시내에 굳이 찾아갈 이유가 없어서 가지 않았다.

Maligne Canyon

이곳 또한 시간에 쫓겨 방문을 못한 곳이다.

지도의 ①번 주차장에 잠시 주차 후 Maligne Lookout에서 전망을 감상한 다음 차를 돌려 ②주차장에 차를 세우고 ③4th Bridge까지 둘러보고 돌아오려던 계획이었는데 아쉽게도 포기해야 했다.

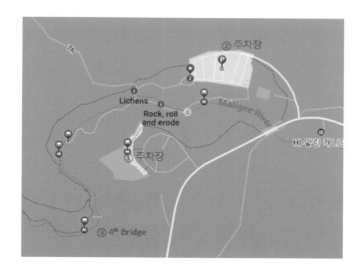

- 예상 소요 시간 : 2시간
- 주차장 : 여유

Plain of Six Glaciers

놓친 물고기가 더 아쉽다는 말처럼 이곳 역시 방문하지 못한 아쉬움이 큰 곳이다. 다른 자료에 의하면 Larch Valley만큼 멋진 곳이라고 하던데 시간 관계상 포기했던 곳이다.

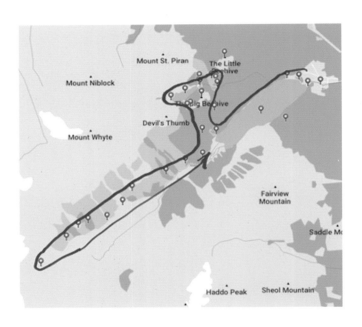

우리의 원래 계획은 Little Beehive와 Big Beehive를 거쳐 이곳까지 대략 6시간의 대장정을 하려던 것이었으나 안타깝게도 Little Beehive에 만족하고 말았다.

Lake Louise의 오른쪽 위 끝이 Fairmont Chateau Lake Louise Hotel, 호수의 왼쪽 아래 끝에서부터 지도의 맨 왼쪽 끝까지가 Plain of the Six Glaciers 이다.

- 예상 소요 시간 : 3시간(Little & Big Beehives와 합치면 6시간)
- 주차 : Lake Louise 주차장

Lake O'hara

이곳은 아무에게나 접근을 허락하지 않는 신비의 호수라고 한다. '캐나다 로키가 마지막까지 그 진정한 가치를 숨기고 싶은 마지막 남은 자존심'이라는 표현도 본 적이 있다. 그만큼 접근이 어렵다. 갈 수 있는 방법이 딱 세 가지뿐이다.

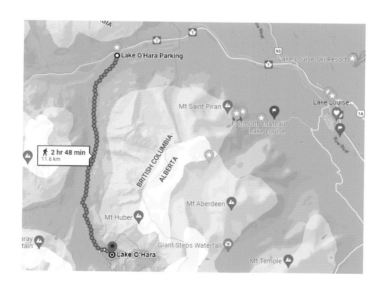

첫째, 공원 내 셔틀을 이용하는 방법인데 이게 보통 어려운 게 아니다. 방문을 원하는 사람이 많다 보니 매년 3월 한 달 동안 신청서를 제출해서 추첨을 통해 당첨된 사람들에 한해 셔틀을 배정해 준다. 행운이 따라야만 가능하다.

둘째, 11Km를 걸어서 가는 방법이다. 편도 2시간 30분 소요. 정말로 가기를 원한다면 가장 쉽고 속 편한 방법이다. 돌아 나올 때도 당연히 그만큼 걸어야 하겠지만.

셋째, 호숫가 Lodge를 이용하는 방법으로 투숙객에 한해서 전용 셔틀이 있다. 그러면 이 방법은 쉬울까? 돈만 내면 될까? 예약을 위한 경쟁이 치열할 뿐만 아니라 최소한 3박을 해야만 한다.

이 세 가지 이외에 다른 방법은 없다. 자전거도 허용되지 않는다. 우린 결국 포기하고 말았다.

지금까지 열거한 곳 외에도 Peyto Lake, Pyramid Lake, Patricia Lake, Bow Lake 등을 비롯하여 수많은 지역과 관광명소들이 있지만 이들은 상대적으로 주목을 덜 받는 곳이라고 할 수 있다.

어차피 정해진 기간 내에 이들 모두를 다 돌아볼 수는 없을 터이니 후보지에 대해서 우선 순위를 부여하고 거리와 시간 등을 감안하여 최종 선택을 해야만 한다.

혹시 독자들이 생각하는 곳 중에서 여기서 다루지 못한 곳이 있다면 각자의 취향에 따라 여행계획에 넣고 빼고 하면 되겠다.

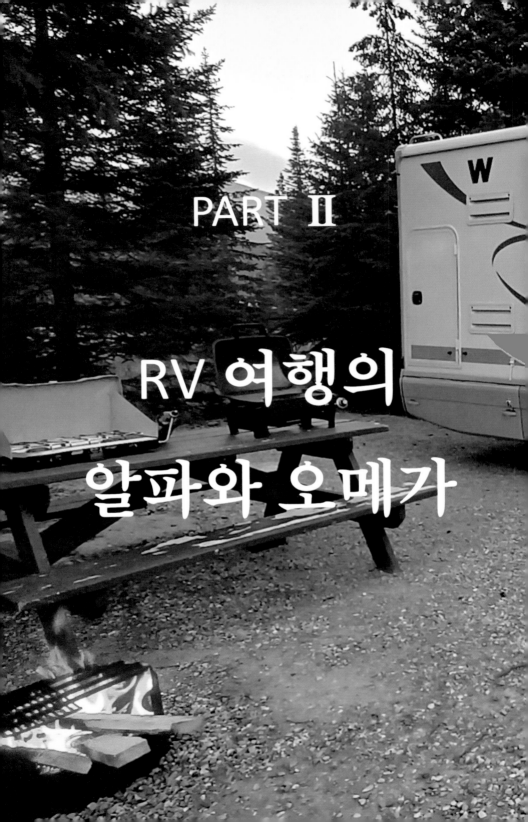

PART Ⅱ

RV 여행의

알파와 오메가

Chapter 3

왜 RV 여행인가?

RV 여행의
좋은 점

RV로 여행하면 무엇이 좋을까? 막연하게 머릿속으로만 그려보는 장점이 아니고, 실질적으로 누릴 수 있는 이점은 어떤 것들이 있을까?

첫째, RV를 운전하고 여행하는 것은 참으로 낭만적인 일이다. 저녁 무렵 캠핑장에 도착해 장작불을 피우고 그 위에다 최고 등급의 소고기를 구워 와인 한 잔 곁들여 저녁을 먹는 장면을 상상해 보라. 참으로 멋지지 않은가!

초저녁 호수에 내려 앉은 둥근 달을 보면서 계란 하나 넣고 대파 송송 썰어 넣어 라면을 끓여 먹는 모습은 또 어떠한가? 이동 중 잠시 쉬어 가려고 거대한 빙하 턱밑에 있는 호숫가에 차를 세웠을 때 믹스커피 한 잔 즐기는 모습

또한 '여행스럽지' 않은가?

이처럼 RV 여행은 패키지나 승용차 여행으로는 도저히 누릴 수 없는 호사스러움과 로맨틱한 분위기를 제공한다. 중산층은 중산층대로, 부자는 부자대로 형편에 어울리는 RV를 마련해 여행을 즐긴다. 자연의 향기를 느끼며 밤하늘의 별을 세는 등 한밤의 호젓한 정취를 마음껏 즐길 수 있는 이러한 낭만은 RV 여행이 아니고는 해보기 어려운 색다른 경험이 될 것이다. 호텔과는 분명히 다른 차원의 즐거움이 너무도 많다.

둘째, RV 여행을 하면 시간을 효율적으로 이용할 수 있다. 차 안이 바로 내 집이기 때문에 호텔을 이용할 때와 달리 가방을 풀고 싸고 할 필요가 없다. 늦은 시간에 도착하면 간단히 식사를 하고 씻은 후에 그대로 자면 된다. 다음 날 급히 움직여야 하는 일정이면 새벽에 일어나 그대로 이동할 수도 있다.

아침에 샌드위치를 만들어 두었다가 점심시간에 잠시 간단한 식사를 하고, 급할 때는 라면 한 개 끓여 먹고 바로 움직일 수도 있다. 식당을 찾아서, 또 주차할 공간을 찾아서 귀한 시간을 낭비할 필요가 없다.

셋째, 일반적으로 비용을 절약할 수 있다. 우리가 여행한 캐나다 로키를 기준으로 살펴보자.

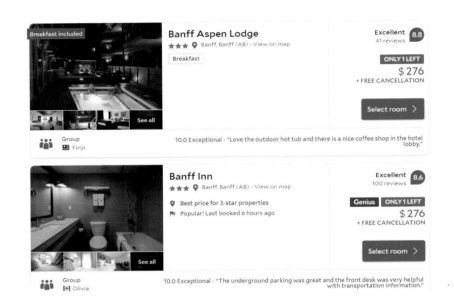

캐나다 로키를 대표하는 두 도시 Banff와 Jasper는 물가가 굉장히 비싼 곳이다. 앞의 사진은 호텔 검색 사이트인 AGODA에서 9월초 Banff의 3성급 호텔의 1박 요금을 검색한 결과다. (가격은 US Dollar로 표시)

체크인 날짜가 다가올수록 방값은 가파르게 올라가 우리가 여행했던 9월 초를 기준으로 1박 비용은 보통 US$300 (CA$400)정도는 예상해야 한다. 이 요금에 10%의 세금이 추가된다.

Jasper의 호텔 역시 비슷하거나 더 높은 수준이다.

게다가 캐나다 로키를 여행하려면 RV가 됐건 승용차가 됐건 자동차는 필수적이다. 대중교통이 잘 갖춰져 있지 않아 차 없이 여행하는 것은 거의 불가능하기 때문이다.

검색을 해보니 9월 초 Calgary 공항의 Hertz에서 현대 SONATA를 1주일 렌트하는 비용은 대략 CA$1,770, 하루 $250 수준이다.

승용차 렌트와 숙박비를 합하면 하루에 벌써 CA$600 이상이다. 우리가 RV를 일주일 렌트한 비용이 총 CA$2,130, 하루 CA$300 정도였음을 생각하면 식비를 감안하지 않더라도 차량 렌트와 숙박비에서 거의 2배나 차이가 나는 것을 알 수 있다.

넷째, RV 내부공간이 넓어 필요한 물건을 마음껏 실을 수 있다. 일주일이 넘는 기간을 여행하려면 갖고 다녀야 할 물건이 많다. 하물며 캐나다 로키를 돌아보려면 각종 먹거리와 옷가지 등 기본적인 여행용품 외에도 테이블, 캠핑용 의자, 자전거 등이 있으면 더욱 좋다.

그런데 이런 것들을 일반 승용차에 다 싣고 다니기엔 무리다. Van을 빌리면 좀 낫긴 하겠지만 역시 여유롭지는 않다. 하지만 대체로 RV는 실내 공간이 넓고, 잡다한 물건을 보관할 수 있는 창고도 있으며, 자전거는 차 뒤의 랙Rack에 매달 수도 있다. 사실상 적재할 물건의 양에 제한이 없다고 해도 과언이 아니다.

물론 이런 물건들이 없다고 해서 여행이 초라해지는 건 아니다. 하지만 있다면 여행이 더욱 풍성해지고 그만큼 제대로 즐기는 여행, 추억이 오래 간직되는 그런 여행이 될 것이다.

이밖에도 RV로 여행하며 누릴 수 있는 즐거움은 너무도 많다.

- 저렴한 비용으로 먹고 싶은 요리를 즐길 수 있다. 관광객이 많이 몰려 물가가 비싼 지역이라도 대체로 재료비는 그리 비싸지 않다. 마켓에서 재료를 구입하여 차에서 요리하면 생각보다 비용을 많이 줄일 수 있다.

- 쉬고 싶을 때 쉬어 갈 수 있다. 길을 가다가 멋진 곳이 보이면 차를 세우고 커피 한 잔 하고 갈 수도 있으며, 피곤하면 언제든 쉬었다가 갈 수도 있다.

- 아이들과 함께라면 더욱 즐겁다. 차 안이 온통 휴식 공간, 놀이 공간이며 원하면 언제든 간식을 먹일 수 있다. 어른들에게 있어서도 오래도록 기억하고픈 여행이 되겠지만 더더구나 아이들에게는 평생을 두고 간직하고 싶어할 멋진 추억이 되지 않겠는가?

그런데 RV가 그저 좋기만 할까?

● 렌트 비용이 만만치 않다.

● 픽업과 반납 장소의 접근이 불편하다.

● 렌트회사와 차량을 선택하는 데 약간의 요령 필요하다.

● 코너링과 제동 등 운전에 약간의 주의가 필요하다.

● 설비 운용을 위한 약간의 지식이 필요하다.

● 도심 운행이 불편하다.

상위 1% 만이
즐기는 RV 여행

흔히들 '자유여행' 하면 배낭을 메고 떠나는 여행을 떠올리고, 이동 거리가
멀다면 자동차를 렌트하는 것까지는 어렵지 않게 생각하지만, 아직 RV를
렌트하는 데까지 생각이 미치는 사람은 그리 많아 보이지 않는다.

우리 모두가 아는 바와 같이 우리나라는 1988년 서울올림픽 이후 급속한
경제 발전을 이루어 왔다. 중간에 IMF 구제 금융이라는 국가적 위기와 국민
적 아픔을 겪었음에도 이를 슬기롭게 이겨 내고 지금은 1인당 국민소득 4만

달러를 목전에 둔 세계 10위권의 경제대국으로 성장하였다. 이에 따라 국민 개개인의 생활수준, 의식수준이 급속히 높아지고 있으며 여가를 더욱 멋지게 즐기려는 욕구 또한 갈수록 증가하고 있다.

그럼에도 불구하고 사람들은 왜 멋지고 경제적인 RV 여행을 해볼 생각을 아직 못하는 것일까?

아직은 RV에 대한 상식이 폭넓게 전파되지 않아서 이를 제대로 활용하는 단계까지는 이르지 못한 때문이 아닐까? 또 그 이면을 들여다보면 아직은 RV여행에 필요한 인프라가 충분히 갖춰지지 않아서 그러한 여행 문화가 확산되는 데 장애요인이 되고 있기 때문은 아닐까?

결국 'RV 여행 욕구와 문화의 확산'과 '인프라의 확충'이라는 두 가지 요인 가운데 어느 한 쪽의 문제가 해결되면 다른 한 쪽은 자연스럽게 풀리게 되어 있는데, 현재 우리는 어떤 시발점 내지는 계기를 찾지 못하는 단계에 머물러 있다고 생각된다.

하지만 국민 소득의 증가와 여가 활용 욕구의 증대는 필연적으로 위에서 말한 두 가지 요인 간의 선순환 구도를 이끌어 내면서 머지 않아 수많은 사람들이 너도나도 RV를 끌고 전국을 질주하고 해외를 누비는 날이 오리라 믿는다.

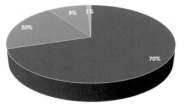

해외여행 유형 추정

국내 어느 여행사에서 조사한 자료를 보니 패키지여행과 자유여행의 비율이 약 7:3 정도라고 한다. 자유여행을 다시 배낭여행과 렌터카여행으로 나누면 그 비율은 얼마나 될까?

이에 대한 자료는 없지만 어림잡아 2:1 정도로 보면 되지 않을까? 그러면 렌터카여행을 다시 승용차 렌트와 RV 렌트로 나누면 어떨까? RV 여행이 차지하는 비중이 전체 해외 여행의 1% 정도는 되지 않을까 예측을 해본다.

'폼나게 여행하기' 대한민국 상위 1% 안에 한 번 들어가 보는 상상만으로도 멋지지 않은가?

RV 여행에 대해 관심이 생기더라도 당장 다음과 같은 점들이 궁금해질 것이다.

- 차 안에 화장실이 있다던데 그럼 오물은 어떻게 처리하지?
- 전기는 어떻게 연결해 쓰지?
- 물은 어디에 싣고 다니나?
- 먹는 물과 설거지, 샤워용 물은 같은 물을 쓰나?
- 차안에 비치된 물건들은 어떤 것들이 있으며, 나는 어떤 것들을 가져가야 할까?
- 길을 가다가 차를 세우고 하룻밤 잘 수도 있다던데 이 때도 그냥 길가에 주차하고 자면 되는 건가?

이 책에서는 누구나 다 여유롭고 멋진 추억으로 가득하고 경제적인 RV 여행을 즐길 수 있도록 이러한 궁금증에 대해 알기 쉽고 자세하게 알려 드리려고 한다.

다음 챕터부터 이제 RV에 대한 기본상식과 차는 어디서 어떻게 빌리고, 캠핑장은 어떻게 예약하는지 등 RV 여행에 도움이 되는 다양한 노하우들 하나하나 살펴보기로 하자.

우리가 여행했던 캐나다 로키 지역을 사례로 해서 자세히 설명해 나가도록 하겠다.

나도 RV 여행을 할 수 있을까?

물론 할 수 있다!

RV 여행을 처음 시도해보는 사람에게 가장 어려운 것은 뭘까? 언어에 대한 두려움일까?

어렵게 생각하자면 한없이 어렵지만 쉽게 생각하면 별 것 아닐 수도 있다. 대화를 하다가 잘 안 들리면 한 번 더 말해 달라고 하고, 그래도 안되면 좀 천천히 얘기해 달라고 하고, 그마저도 안 되면 구글번역기를 '돌리면' 된다. 구글번역은 많은 도움이 된다.

그런데 RV 운전이 처음이라고? 대부분 처음일 것이다. 우리나라 사람 중에 RV 여행을 두 번 이상 해 본 사람이 과연 몇 명이나 될까?

안 되는 쪽으로만 생각을 하자면 할 수 있는 일이 많지 않다. 물론 어느 정도 기본 역량은 필요할 것이다. 해외여행 하면서 렌트 한두 번 해본 사람이면 충분히 가능하리라는 생각이다.

과속하지 않고, 주변에 다른 차나 사람, 시설이 있으면 천천히 움직이면 된다. 사고는 대체로 방심할 때 일어난다. 주변이 복잡할 때는 신경을 좀 더 쓰면 된다. 주차를 할 때는 일행의 도움을 받으면 된다. 그래도 불안해서 안 되겠으면 자차 보험(Full Coverage)을 들고 가면 된다.

Chapter 4

RV 완전 대해부

RV의
종류

모터홈과 트레일러

RV는 일반적으로 자체 동력을 갖춘 모터홈Motor Home과 다른 차량이 끌어줘야 하는 트레일러Trailer로 구분할 수 있다.

차에 엔진이 갖춰져 있어서 스스로 움직일 수 있는 모터홈은 엔진과 거주 공간이 하나로 합쳐진 형태로서 크기와 모양에 따라 Class A, B, C 등 세 가지로 구분된다.

Class A는 대형 버스 형태로 대체로 크기가 크고 렌트 비용이 고가이다. 실내 공간이 넓어 호텔로 치면 스위트룸Suite Room에 해당한다고 할 수 있다.

운전을 하기 위해서는 별도의 운전면허가 필요해 렌터카 회사에서도 거의 취급하지 않으며, 사실상 여행객을 위한 렌터카로는 적절치 않은 형태이다.

Class A 차량으로 여행하는 경우에는 대체로 뒤에 승용차를 하나씩 매달고 다니면서 RV는 캠핑장에 주차해 두고 승용차를 이용해 주변을 돌아보는 방식으로 이용한다.

Class B는 일반적으로 Van을 개조한 차량으로 수용 인원이 2~3명 정도인 소형이다. 차체가 작아 기동성이 좋고 운전, 주차 등이 편리하지만 공간이 너무 협소한 것이 단점이다.

평소에는 침대를 접어 두고 생활 공간으로 사용하다가 잠을 잘 때에만 펼쳐서 사용하는 구조이다.

모델에 따라서는 샤워시설이 제대로 갖춰지지 않아 물통에 물을 담아 끼얹는 형태도 있으며, 화장실오수 처리 장치도 호스가 아닌 카트리지 방식으로 된 것도 있다. 쉽게 말해 차량 크기가 작은만큼 Full Size 설비가 설치되어 있지 않을 수도 있다.

차의 크기는 작아도 렌트 비용은 Class C에 비해 아주 저렴하지 않으며, 잘 때는 침대를 펴고 낮에는 접어야 하는 번거로움도 있다.

우리가 흔히 말하는 RV란 대체로 Class C를 말한다. 운전석 위쪽의 튀어나온 부분이 특징으로, 일반적으로 이 부분에 2인용 침대가 들어간다.

트럭형의 차체 위에 박스 형태의 주거공간을 합체시킨 형태로서, 대부분 3,500~6,000CC급 엔진을 갖추고 있으며 침대, 부엌, 식탁, TV, 냉장고, 냉난방 시설, 화장실, 샤워실, 가스렌지, 전자렌지 등의 시설을 갖추고 있다.

4~6인이 이용할 수 있고, 운전석과 주거공간을 마음대로 오갈 수 있으며, 별도의 운전면허가 필요하지 않아 여행자들을 위한 렌트용으로 적절하다.

Trailer는 승용차, 트럭 또는 SUV 형태의 차량이 주거 공간에 해당하는 박스를 끌고 가는 '견인식' 방식이다.

이런 형태의 차에는 운행 중 트레일러에 사람이 탑승할 수 없다는 제약이 있다. 사람은 반드시 끄는 차에 타야만 한다. 반면 차량과 트레일러를 분리할 수 있어 RV를 주차해 두고 차량만 이동할 수 있는 장점도 있다.

여행자 입장에서는 끄는 차와 트레일러, 즉 두 종류의 차가 필요하고 비용 또한 훨씬 비싸지므로 렌트용 차량으로는 그다지 적합하지 않은 방식이다.

동력이 있는 차량이 끄는 방식 외에 트럭 위에 박스를 얹는 형식도 있는데, 경제적인 면 외에도 차량과 박스를 분리할 수 있는 장점이 있다.

하지만 대체적으로 주거 공간의 면적이 좁고, 이 또한 운행 중에는 트레일러에 사람이 탑승할 수 없어서 여행자에게는 역시 모터홈 Class C가 가장 일반적인 형태라고 할 수 있겠다.

우리가 렌트한 RV

우리는 RV 전문 렌트업체 대신 RVezy라는 사이트를 통해 예약했는데 결과적으로 비용, 차고지, 차량 상태 등 모든 면에서 대단히 만족스러웠다.

우리가 선택한 RV는 미국 Winnebago사의 Class C 모터홈으로, Mercedes Benz 디젤 엔진에다 Dodge Sprinter 섀시를 기본으로 제작된 2008년형 5단 오토매틱 차량이다. 2008 Mercedes Sprint Winnebago View Class C Model 24D가 정식 명칭이다.

엔진	V6 3,500CC	연료 탱크	100L
변속기	5단 자동	물 (Fresh Water) 탱크	125L
길이	24.5' (7.35m)	오수 (Gray Water) 탱크	100L
폭	2.25m	화장실오수 (Black Water) 탱크	115L
높이	3.3m	프로판가스 용량	68L

차량 앞 운전석 위에 튀어나온 부분, 그림의 오른쪽 부분에 2인용 침대가 위치한다. 운전석 뒤에 식탁을 중간에 두고 소파 2개, 조수석 뒤에 하나의 소파가 자리잡고 있으며, 맨 뒷부분에 두 개의 벙크베드Bunk Bed, 1인용 침대가 위 아래 2층으로 놓여있다.

식탁과 벙크베드 사이에는 화장실과 샤워실이 하나의 문을 통해 드나들도록 설치되어 있으며 조그마한 옷장도 있다. 맞은 편, 그러니까 조수석과 벙크베드 사이에는 출입문과 싱크대, 가스렌지, 냉장고가 순서대로 설치되어 있다.

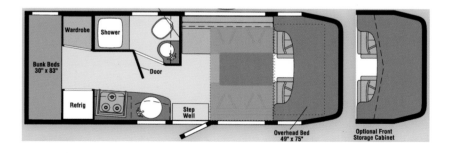

엔진은 V6 3,500CC 크기다. 우리는 7박 8일 간 총 833Km를 운행하는 동안 디젤Diesel 175리터를 주유했으며 연료비로 CA$330를 지출했다. 연비는 리터 당 4.8Km다. RV 차량으로 3,500CC는 조금 작게 느껴질 수도 있지만 힘이 부족하다거나 특별한 불편은 없었으며 오히려 연료비가 덜 들어 더 좋았다. 다른 어느 렌트업체 차량을 살펴보니 V8 6,800CC가 주종이던데 배기량이 너무 큰 차는 연비가 떨어지니까 이것도 바람직하지 않다. 연료비로 CA$600가 나간다는 얘기 아닌가? 내 생각으론 3,500~4,500CC 정도가 적당하다.

변속기는 거의 대부분 오토매틱이니 걱정할 필요가 전혀 없으며, 참고로 연료탱크의 크기는 현대 SONATA(60L)의 두 배가 조금 안 되는 100L였다. 차의 길이는 24.5피트인데 두 명이 지내기엔 아주 여유 있는 크기였다. 캠핑장에 가면 27피트가 넘는 차는 출입금지라는 표지판이 자주 보이던데 너무 긴 차는 운전하기도 불편하고, 또 별도의 운전면허가 필요하다. 24~26피트 정도가 적당하다.

물탱크의 용량은 125L인데 집에서 먹는 생수통 한 개가 약 20L니까 6배쯤 되는 용량이다. 이 물을 가지고 싱크대, 세면기, 샤워실, 화장실 용으로 사용한다. 물탱크에 채우는 물은 마셔도 되는 수도물인데, 물탱크의 청결 문제도 있고 해서 우리는 먹는 물은 생수를 구입해 이용했다.

오수(샤워, 싱크대, 세면기) 탱크는 물탱크보다 약간 작은 100L 크기이며, 화장실오수 탱크는 일반오수 탱크보다 약간 큰 115L이다.

우리는 오수처리 시설이 갖춰진 캠핑장에서는 차량 내 샤워실과 화장실을 이용했지만, 그렇지 않고 캠핑장 입구에 가서 오수를 비워야 하는 캠핑장의 경우엔 (우리가 다녀온 세 곳의 캠핑장 중 두 군데에서는) RV가 아닌 공동 샤워실과 화장실을 이용했다. 이유는 당연히 오수를 처리하는 수고를 줄이기 위함이다. 이런 방식으로 두 종류의 오수를 비웠더니 일주일 동안 두 차례면 충분했다.

프로판가스는 절반 조금 안 되게 사용했던 걸로 기억하는데 나중에 반납 전 충전할 때 지불한 요금은 CA$24였다.

차의 뒤쪽에는 후방 카메라Rear View Camera가 있어서 주차할 때 편리했다. 아마도 대부분의 RV에 설치되어 있을 걸로 짐작된다.

RV의 설비와 작동

RV는 간단하게 얘기하자면 차량의 엔진부와 차대Chassis, 새시를 결합하고 그 위에 실내공간을 얹어 하나의 차로 움직이는 생활공간이다. 그런데 이를 자세히 들여다보면 많은 종류의 기술이 접목되어 있는 하이테크 장비임을 알 수 있으며, 일반 승용차에는 없는 많은 설비들이 추가되어 있다.

이들 중에서도 우리가 좀 더 관심을 가질 필요가 있는 설비로는 발전기와 전자렌지, 냉난방 설비, 냉장고 등이 있다. 이들은 동작을 위해 전기Electricity를 이용하거나 일부는 프로판가스를 이용하기도 하며 때로는 프로판가스로 동작하는 발전기를 가동하여 전력을 공급하기도 한다.

프로판가스와 LPG

액화석유가스(Liquefied Petroleum Gas, LPG)는 원유를 정제할 때 나오는 석유가스의 부피를 줄일 목적으로 냉각·액화시킨 것을 말한다. 그런데 이 LPG는 대부분 프로판Propane, 프로페인이 주성분이다.

따라서 LPG 또는 LP가스라고 하면 일반적으로 프로판가스라는 의미로 사용된다. 이 책에서는 프로판가스와 LP가스 두 용어를 혼용해서 사용하도록 하겠다.

RV를 이용해 보면 차내에 제한된 자원만 싣고 다닐 수 있는 관계로 식수와 프로판가스 등의 자원을 효율적으로 관리하는 것이 매우 중요하다는 사실을 알게 된다. 차가 캠핑장에서 외부 자원과 연결되어 있는 경우에는 신경 쓸 일이 없겠지만, 그렇지 않은 경우에는 물과 전기의 효율적 사용에 대해 알고 있으면 많은 도움이 된다.

나아가 주요 설비들이 어떻게 동작하고, 어떤 설비를 가동하기 위한 동력을 어떻게 제공하는지에 대해 이해하고 있으면 자원을 효율적으로 관리·사용할 수 있다. 특히 전기에 대해 이해하는 것은 매우 중요한 일이다. 주요 설비들이 전기와 직간접적으로 연결되어 있기 때문이다.

이런 주제들은 전기나 기계에 대한 기초지식이 부족한 사람들에게는 좀 어려울 수도 있다. 하지만 모른다고 해서 RV 여행에 지장을 줄만큼 큰 장애 요인이 되지는 않는다. 마치 우리가 자동차의 구조를 잘 모르더라도 운전하는 데는 큰 지장이 없는 것처럼, 기술적인 분야에 대해 잘 알지 못하더라도 RV 여행은 얼마든지 가능하다. 중요한 점은 이들에 대해 잘 알고 있으면 더욱 즐겁고 편안한 여행이 가능하다는 것이다.

이 책에서 주요 설비를 소개함에 있어서 전기나 기계와 관련된 사항을 비롯하여 일부 기술적인 주제에 대해 다소 깊이 있게 다루는 부분도 있다. 일부 독자는 그동안 전혀 몰랐던 내용을 알게 됨으로써 호기심과 재미를 느낄 수도 있겠지만, 또 어떤 사람들은 어려운 나머지 흥미를 잃을 수도 있을 것이다. 후자에 해당하는 분들은 그런 주제에 대해 가볍게 이해하고 다음으로 넘어가면 된다. 모든 걸 알아야만 운전이 가능한 건 아니니까.

차량 내 전기 공급

RV에 필요한 전기는 캠핑장에 차가 주차되어 있을 때에는 캠핑장에 설치된 콘센트로부터 공급받을 수 있지만, 외부 전기가 공급이 안 되는 상황에서는 자체 발전기를 작동하여 전기를 만들어 사용한다.

위 사진의 왼쪽은 RV 내에 있는 발전기의 출력단자(회색 철판 위의 까만색 동그란 부분)에 RV 전원 플러그(노란색)가 꽂혀 있는 모습이다.

오른쪽 사진은 전원 플러그를 발전기의 출력단자에서 뽑아내 캠핑장의 콘센트에 연결하려는 장면이다.

외부 전원이 공급되지 않는 상황에서 전원 플러그는 항상 발전기의 출력단자에 꽂혀 있어야 하며, 캠핑장에서 외부 전원에 연결할 때는 전원플러그를 빼내서 오른쪽 사진처럼 외부 전원 단자에 꽂으면 된다.

주요 설비

RV에는 발전기, 배터리, 히터, 에어컨이 승용차보다 한 개씩 더 있다. 차량용이라는말이 붙어 있으면 승용차나 RV의 엔진 룸과 운전석에 장착되어 있는 것을 말하며, RV용이라고 되어 있으면 RV 실내공간에 별도로 설치된 장치를 의미한다.

발전기

차량용 발전기Alternator는 엔진과 고무벨트로 연결되어 회전하면서 전기를 생산한다. 이렇게 만들어진 전기는 헤드라이트를 비롯하여 내·외부 조명, 차의 운행에 필요한 전자장치 등에 공급되며, 차량용 배터리를 충전하는 데에도 사용된다. (하이브리드나 전기차는 역할이 좀 다른데 여기서 논할 주제는 아니라고 생각된다.)

이에 비해 RV용 발전기Generator는 외부전원이 연결되어 있지 않을 때 설비를 작동하는 데 필요한 AC 110V 전력을 공급하기 위해 필요하다. 실내외 전등 같은 소용량 장치들은 배터리만으로도 전력 공급이 가능하나, 전자렌지나 에어컨과 같은 전력 소모량이 많은 장치들을 사용하려면 반드시 발전기를 가동해야 한다.

오른쪽 사진에 보이는 GENERATOR 스위치의 START쪽을 잠시 동안 꾸욱 누르고 있으면 "부르릉~" 소리를 내면서 발전기가 작동하며, 사용을 마친 다음 끄려면 STOP 스위치를 가볍게 누르면 된다.

발전기 가동 시간은 자동차의 주행거리처럼 별도로 기록이 되는데 렌트업체에 따라서는 그 비용을 별도로 받는 곳도 있으니 예약할 때 참고하기 바란다.

RV용 발전기는 차량용에 비해 용량이 훨씬 크며 프로판가스를 사용하여 동작한다. 작동 시 인체에 해로운 일산화탄소(Co)를 배출하며 소음과 진동이 제법 발생한다.

직류와 교류

전기에는 직류(DC)와 교류(AC)가 있다. 전기가 양극(Plus)에서 음극(Minus)으로 한쪽 방향으로만 흐르는 것이 직류다. 교류는 우리 눈에는 보이지 않지만 1초에 60번 양극과 음극이 바뀐다.

나는 학교에 다닐 때 전기를 발명한 사람은 미국의 토마스 에디슨(Thomas Edison)이라고 배웠는데, 알고보니 정확한 얘기는 아니다. 발명왕 에디슨은 당시에 이미 존재했던 직류를 이용하여 불을 밝히는 백열전구를 발명한 사람이다.

에디슨이 전구를 발명한지 10여년쯤 후에 세르비아(Serbia) 태생의 미국인 과학자 니콜라 테슬라(Nikola Tesla)가 교류를 발명했다. 에디슨은 테슬라에 맞서 직류가 더 우수하다고 주장했다.

우리가 사용하는 가정용 전기는 교류로서 일반적으로 큰 동력을 필요로 하는 곳에 많이 사용되지만, 결정적인 단점은 그 자체로 저장이 안 된다는 것이다. 교류는 직류로 변환할 수도 있으며 그 반대도 가능한데 변환 과정에서 손실이 발생한다.

과거 산업화 시기에는 교류가 더 각광을 받았지만 디지털시대인 지금은 저장이 가능한 직류가 더 널리 쓰이게 되었으며, 기술의 발달로 예전에는 불가능했던 대용량 저장장치도 상용화되어 널리 쓰이고 있다.

미국인 사업가 일론 머스크Elon Musk가 배터리를 이용한 전기자동차를 만들어 크게 성공을 거두었다. 여기에 테슬라란 이름을 붙인 그의 사업가적 자질 또한 테슬라 못지 않게 뛰어나다. 테슬라가 큰 성공을 거두자 니콜라 테슬라에서 이름을 딴 니콜라 전기 트럭을 생산하는 업체도 생겨났지만 아직 대단한 성공을 거두지는 못하고 있는 것 같다.

배터리

배터리는 12V 직류를 저장했다가 필요할 때 공급하는 장치다. 앞에서 언급한 바와 같이 RV에는 차량용과 RV용 두 종류의 배터리가 설치되어 있다.

차량용 배터리는 일반 자동차와 동일하게 RV 엔진의 시동, 자동차 계기판의 조명, 후방카메라 등 각종 액세서리 장치의 작동 등에 사용된다.

RV용 배터리는 차량용에 비해 용량이 훨씬 크며 싱크나 샤워실에 물을 끌어올리는 워터 펌프Water Pump의 가동, 실내 조명, 각종 디스플레이 장치 등에 사용된다. 차의 지붕에 설치된 태양광 발전기와 차량용 발전기에 의해 충전 상태가 유지되며, 배터리의 충전상태는 잔량검사기Level Tester(⇨138쪽 참고)를 통해 확인할 수 있다.

그런데 이런 RV용 배터리도 용량이 부족해서 에어컨이나 전자렌지를 작동하는 데 사용할 수 없으며, 이들을 작동하려면 발전기를 가동해야 한다.

냉장고

가정용 냉장고는 대체로 냉매인 프레온Freon 가스를 컴프레서로 '압축하여' 열을 뽑아내는 방식으로 동작한다. 이 방식을 채용한 냉장고는 한 번 움직이면 냉매가 안정화되는 2~3 시간 동안 냉장고를 사용하지 말도록 권장하는  데, 일단 설치를 하고 나면 움직일 일이 거의 없어 권장사항을 이행하는 데

별로 문제될 것이 없다.

하지만 RV용은 상황이 좀 다르다. 본질적으로 차라는 것이 움직이는 장치이기 때문에 설치 후 한동안 움직이지 않도록 놔두는 것이 불가능하다. 게다가 모터나 컴프레서처럼 내부 부품이 움직여 동작하는 장치는 고정된 상태로 사용해야지, 그렇지 않고 작동 중 움직이면 고장 날 가능성이 높다. 이런 이유로 RV용 냉장고는 가정용과 완전히 다른 구조와 작동방식을 채용하고 있다.

RV용은 냉매인 암모니아Ammonia수를 '가열'하여 이 액체가 증발하는 과정에서 주변의 열을 빨아들이는 흡수식으로 동작한다. 이 방식의 장점은 이동중에 사용해도 고장 가능성이 낮고, 냉각장치의 가열에 필요한 에너지로 프로판가스나 12V DC, 110V AC 등을 다양하고 쉽게 사용할 수 있다는 점이다.

매뉴얼에 의하면 우리가 렌트한 차에 설치된 냉장고는 평소에는 프로판가스로, 외부전원이 연결되면 110V 교류로 동작하는 2-Way 방식인데, 전기가 아닌 가스로만 가동을 하더라도 그 사용량이 아주 작아서 전혀 신경쓸필요가 없다. 냉동실과 냉장실 일체형으로 어른 허리까지 오는 크기로서 좀작다는 느낌이 들었지만 일주일 사용하는 데 크게 불편하지는 않았다.

냉장고 문을 열면 위쪽에 왼쪽 사진과 같은 스위치가 있는데 AUTO 모드로 설정해 놓으면 된다. AUTO 모드인 경우 외부 전기가 연결되어 있을 때는 전기로, 연결되지 않을 때는 가스로 동작한다. GAS 모드로 설정해 두면 항상 LP가스로 동작한다.

문에는 잠금장치가 있어서 운행 중에 저절로 문이 열리는 일은 없다.

가스렌지_Gas Range_

RV에는 보통 3~4구짜리 가스렌지가 설치되어 있어서 가정에서와 큰 차이 없이 요리를 할 수 있다. 우리 차에는 브로일러_Broiler_ 없이 전자렌지만 비치되어 있었지만 좀 더 큰 차에는 브로일러도 있을 걸로 생각된다.

가스렌지에는 프로판가스를 사용하는데 요리만 할 경우 한 달은 걱정없이 사용할 수 있는 68리터짜리 가스통이 장착돼 있으며 렌트 시 완충된 상태로 제공된다.

렌지 후드_Range Hood_도 설치되어 있어서 요리 중 발생하는 냄새와 일산화탄소를 밖으로 빼낸다. 가스렌지를 사용할 때는 항상 화재예방에 주의해야 한다.

전자렌지_Microwave Oven_

전자렌지와 전기오븐은 동작 원리로만 보면 종류가 좀 다르다. 전자렌지는 마그네트론_Magnetron_이라는 전자관_Electronic Tube_에서 발생하는 극초단파 _Microwave, 마이크로웨이브_를 음식물에 통과시켜 요리를 하는 것이고, 전기 오븐은 히터를 가열하여 열을 발생시켜 요리를 하는 방식이다.

가열식은 전기가 통하는 쇠붙이나 은박지를 넣어도 문제가 없지만 마이크로웨이브식은 고출력 전자파를 통과시키기 때문에 이런 것들을 넣으면 안 된다. 전자렌지에 알루미늄 포장지를 넣으면 불꽃이 튄다는 사실은 누구나 다 경험해 봐서 알 것이다. 전자렌지는 요리 시간이 짧은 대신 전기 소모량이 많고, 전기오븐은 그 반대다.

우리가 렌트한 차에 설치된 전자렌지는 외형은 전자렌지처럼 생겼지만 실은 전기오븐이었는데 사용에 특별히 불편한 점은 없었다.

두 방식 다 전기를 많이 필요로 하기 때문에 외부 전기가 공급되지 않는 상황에서 사용하려면 발전기를 가동하여 전력을 공급해야 한다.

에어컨

앞서 언급한대로 RV에는 두 종류의 에어컨이 있는데 차량용 에어컨과 RV용 에어컨이다.

차량용 에어컨Dash AirCon은 우리가 운전하는 승용차의 운전석에서 보는 그 에어컨으로 당연히 RV에도 설치되어 있다. 엔진에 고무벨트로 물려 있는 컴프레서Compressor를 작동해야 하기 때문에 엔진이 꺼진 상태에서는 동작하지 않는다. 이 차량용 에어컨은 승용차건 RV건 상관없이 용량이 작아서 운전석 주변의 냉방만 가능하므로 실내공간의 냉방을 위해서는 RV용 에어컨을 가동해야 한다.

RV용 에어컨은 대체로 차의 천정에 부착되어 있으며 AC 110V 전기로만 작동되는데, 차내 설비 중에서 전기를 가장 많이 필요로 한다. 따라서 이를 켜려면 외부전원을 연결하거나 RV용 발전기Generator를 가동해야 한다.

차량용 에어컨을 켜면 엔진의 힘 일부를 컴프레서에 빼앗겨 연비가 떨어지며 결과적으로 비용이 제법 들어간다. RV용 에어컨 또한 소모전력이 많아서 발전기 가동에 필요한 프로판개스 사용량이 매우 많다는 점을 참고할 필요가 있다. RV의 실내 공간이 승용차의 몇 배나 되니 에너지가 더 많이 사용되는 것은 당연할 것이다.

에어컨은 전기를 먹는 하마와도 같아서 돈이 제법 든다. 우리가 캠핑장을 이용할 경우 적잖은 비용을 지불하는데 여기에는 이런 점을 다 감안한 전기료에다가 수도료, 쓰레기와 오수Waste 처리비, 캠프사이트 공간 사용료, 기타 공원 관리비 등 여러가지 비용도 같이 포함되어 있기 때문이다.

난방용 히터

RV의 난방은 전기 또는 프로판가스를 사용한다. 시설이 갖춰진 캠핑장에서는 당연히 전기를 사용하겠지만, 만약 전기가 없는 상태에서 노숙을 하면서 난방을 해야 하는 상황이 되면 프로판가스를 이용해도 된다.

위 사진은 냉난방 컨트롤러로서 온도조절은 물론이고 냉방 또는 난방의 선택, 전기 또는 가스 중 어느 자원을 사용할 것인지 등을 여기서 선택한다.

가스로 난방을 할 때는 사용되는 가스의 양이 적지 않다는 점을 알고 있어야 한다. 우리가 Jasper에 도착한 첫날 캠핑장에 전기 공급이 안 되는 상황이 발생했는데, 난방설비를 사용할 생각도 못하고 차 안에서 하룻밤을 자고 일어났더니 꽤 추웠다. 이튿날에도 갈 곳이 없어 노숙을 해야 했는데 이날은 어쩔 수 없이 가스로 난방을 했더니 프로판가스 잔량 표시 눈금이 제법 내려간 것을 볼 수 있었다.

*잔량검사기*Level Tester

차량 내부 냉장고 옆 벽면에는 화장실 오수Black Water, 싱대크와 샤워실 및 세면기 오수Gray Water, 식수Fresh Water, 프로판 가스, 배터리 충전 상태 등 5가지 오수 및 자원의 잔량을 체크할 수 있는 패널Panel이 있다.

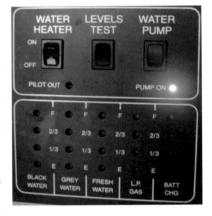

    LEVELS TEST라는 버튼을 누르는 순간만 동작하는데 운행 중 수시로 점검해봐야 한다.

두 종류의 오수는 2/3가 차면 비워야 되고, 물은 빨간 램프가 들어오면 즉시 보충해야 한다. 앞서 얘기한 대로 우리 부부의 경우 오수 비우기는 일주일 동안 2회 했고, 프로판가스는 반납할 때 한 번 1/2 정도의 양을 충전했다. 식수 관리는 대단히 중요하고 또 요령이 필요한 일인 만큼 '식수의 사용과 보충'에서 추가로 설명(⇨149~152쪽 참고)할 것이다.

배터리 충전 상태에 대해서는 장치가 고장난 게 아니라면 크게 신경 쓰지 않아도 되며, 레벨이 떨어지면 충전이 필요하다는 정도만 이해하고 있으면 된다.

워터 펌프 Water Pump

RV는 물탱크에 적지 않은 양의 물을 싣는다. 이 물은 시간이 지남에 따라 오수 탱크와 화장실오수 탱크로 옮겨지면서 줄어든다.

운행 중 차의 흔들림을 줄이려면 차의 무게 중심을 낮게 유지해야 하기 때문에 물을 지붕 위에 싣고 다닐 수는 없으며, 가급적 낮은 위치에 보관해야 한다. 그런데 싱크대나 샤워용 수도 꼭지는 필연적으로 높은 곳에 있어야 한다.

이 문제를 해결하기 위한 것이 워터 펌프로서 낮은 곳에 있는 물을 높은 곳으로 끌어올려 준다.

사진의 스위치를 눌러주면 PUMP ON 램프에 불이 들어오고 워터 펌프가 동작된다.

온수기 Water Heater

온수기는 기본적으로 프로판가스로 동작하지만 모델에 따라서는 가스 외에 추가로 전기를 사용하기도 한다. (렌트한 차가 전기 겸용이라면 매뉴얼을 읽어보고 정확한 사용법을 숙지하면 된다.)

RV에는 온수 탱크가 있어서 물탱크에서 이곳으로 물을 끌어 올려 데운 다음 그 물을 싱크대 수도꼭지 또는 샤워꼭지로 내보내는 방식으로 동작한다. 따라서 온수를 사용하려면 우선 워터 펌프를 켜야 한다.

워터 펌프를 켠 다음 WATER HEATER 스위치를 ON 하면 PILOT OUT 램프가 10~15초 동안 켜져 있다가 꺼지면서 온수 사용이 가능해진다. 싱크대 온수 꼭지를 틀어봐서 뜨거운 물이 안정적으로 나올 때 온수를 사용하면 된다.

온수를 사용 중인데도 PILOT OUT 램프가 계속 켜져 있으면 WATER HEATER 스위치를 OFF 했다가 5분쯤 후에 다시 시도해보고, 그래도 안 되면 매뉴얼을 봐야 할 것 같다.

샤워실

RV가 좁은 공간에 많은 편의시설들을 압축해 넣은 차량이라서 차가 크면 큰 대로, 작으면 작은 대로 항상 공간이 여유가 없으며, 이는 당연히 샤워실에도 적용된다. 한 사람이 팔다리를 마음껏 펴서 씻기에는 공간이 좀 좁다.

게다가 항상 물관리에 신경을 써야 한다. 따라서 화장실 사용이야 필요할 땐 한다손 치더라도 샤워는 가능하면 널찍한 캠핑장 내 공동 샤워실을 이용하는 것이 좋겠다.

다만, 캠프사이트에 오수Waste 처리시설이 있는 경우는 캠핑장 내 공동 샤워장의 개수가 적고 크기도 좀 협소하다는 점은 참고로 하자. 각자 차내에서 해결하라는 취지일 것이다.

화장실

RV의 화장실은 생긴 모양이 고속열차의 화장실과 비슷하다. 볼일을 본 다음에 발로 레버를 밟으면 변기 아래쪽 구멍을 막고 있던 출구가 열리면서 물을 흘려 오물을 아래로 쓸어내려 보내는 방식이다.

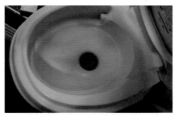

차량의 모델에 따라 다르겠지만 대체로 크기가 비행기와 비슷해서 공간이 협소한 까닭에 그다지 편하지는 않다. 그래서

우리는 이동 중 급한 경우를 제외하곤 가급적 외부 화장실을 이용했고, 캠핑장에서도 큰 일을 볼 때는 대체로 공동 화장실을 이용했다.

사진에 보이는 누런 액체는 화장실용 화학약품Toilet Chemical, 즉 중화제이다. 화장실오수Black Water를 비운 다음엔 이렇게 액체를 몇 방울 투입하는데, 화학적 중화작용을 일으켜 악취를 없애 주는 역할을 한다.

사진에서 보는 것처럼 배수구를 막고 있는 장치가 있어 그냥 두면 물이 빠지지 않는다. 냄새가 역류하는 걸 막아줘서 실내에서 악취가 날 염려는 거의 없다.

우리 차에는 약 36인치 크기의 TV가 있었
는데 가끔씩 뉴스를 보고 싶었지만 신호
가 잘 안 잡혀 사용을 못했다. 안테나 연
결이 제대로 됐는지 확인해보고 싶었지만

안테나가 어디 있는지 찾을 수가 없었다.

지금 생각하면 왜 주인에게 전화해서 물어보지 않았나 싶다. 차량을 인수
하는 과정에서 안테나 연결이나 신호 문제, USB에 저장된 파일의 재생 문제
등에 관해 확인을 해보기 바란다. 캠핑장에서는 WiFi가 전혀 설치되지 않은
까닭에 NetFlix 등의 스마트 TV 기능을 기대할 수는 없다.

침대

일반적으로 Class C 차량의 운전석 위, 앞으로 조금 튀어나온 부분에는 더블
침대가 위치한다. 잠을 잘 때는 맨 왼쪽 사진처럼 펼쳐서 사용하고, 그 외 시
간에는 가운데 사진처럼 약간 들어올린 상태로 걸어 두어서 운전석과 주거
공간을 오가는데 불편이 없도록 한다.

침대를 펼친 상태로 두어도 크게 불편한 것은 아니지만 운전석과 실내 공

간을 오갈 때 머리가 닿을 수 있어 약간은 신경이 쓰일 수 있다. 침대에 오르
내릴 때는 사진에 보이는 착탈식 사다리를 이용한다.

우리가 렌트한 차량의 경우 싱글 침대 2개는 차량의 뒷부분에 2층으로 설
치되어 있었다. 인원이 많은 경우 식탁을 접어서 2인용 침대로 사용할 수도
있다.

침대 시트, 이불, 이불 커버, 베개 및 커버, 타월 등은 네 세트가 갖춰져 있
었으며, 날이 추울 경우에 대비하여 제법 두툼한 비상용 담요 3세트도 세탁
된 상태로 포장되어 있었다.

4인용 식탁과 소파

평소에는 식탁으로 사용하되 필요 시에는
접어서 침대로 사용할 수 있는 구조지만
우리는 접을 일이 없었다.

맞은 편 유리창 쪽으로는 2인용 소파가
하나 더 있다. 승차 인원이 2명을 넘을 경
우 나머지는 이 곳에 앉아 이동하게 될 것이다.

그 밖의 물품들

- 그릴Grill과 버너 : 콜맨Coleman 브랜드의 가
  스 그릴과 버너가 비치되어 있어서 야
  외용 테이블에서 요리도 가능했다. 버
  너용 1 파운드짜리 가스는 Canadian Tire라는 철물백화점Hardware Store에서

한 통에 $6씩 두 개를 구입해 사용했으며 그릴에 연결해서도 사용했다.

- 접이식 의자 2개 : 우리가 예약한 캠핑장에는 매 사이트마다 피크닉 테이블이 있어서 접이식 의자를 사용할 일은 없었다.

- 칼, 도마, 냄비, 접시, 스푼, 포크, 나이프, 와인잔 등 각종 부엌용품

- 커피메이커

- 화장실용 중화제Toilet Chemical와 화장지

수납공간의 잠금장치

RV 안에 이처럼 많은 물건들, 특히 부엌용품들을 싣고 운행하면 물건이 쏟아지는 일은 없을까?

없다!

각 서랍마다, 여닫이 문마다 버튼이 달려 있어 이 버튼을 누르면 잠금이 걸려서 운행 중 문이 열리는 일은 절대로 없다.

또한 각 칸마다 턱이 있어서 운행 중 물건이 한 쪽으로 쏠릴 일도 거의 없다.

오수 처리

처음 RV 여행을 상상할 때 가장 궁금하고 또 어렵다고 느껴지는 점이 무엇일까? 아마도 이 오수 처리Waste Dumping 부분이 아닐까? 그런데 사실 알고 보면 무척 간단하다. 이 세상 모든 이치가 다 그렇듯이.

오물 또는 오수는 일반오수Gray Water와 화장실오수 Black Water로 구분하며, Water 대신 Waste라고 부르기도 한다. 일반오수는 싱크대, 세면대, 샤워실에서 나온 물로서 손으로 만져도 크게 거부감이 없는 물인 반면, 화장실오수는 화장실 변기에서 나온 쓰레기이다. 비록 중화제(Toilet Chemical)를 섞어서 냄새가 덜 하다고는 하지만 어쨌든 인간의 배설물이다. 이 두 가지를 차 안에 싣고 다니다가 적절한 양이 차면 버리는데, 이렇게 오수를 버리는 것을 덤핑Dumping이라고 한다.

물을 받고 오수를 버리는 공동 시설은 대체로 캠핑장 입구에 위치하며 통상 덤프스테이션Dump Station 또는 새니스테이션Sanistation이라고 부른다. 규모에 따라 다르겠으나 대체로 여러 대의 차가 동시에 물을 받고 오수를 버릴 수 있는 시설이 갖춰져 있다. 아침에 차가 많이 몰릴 때는 차에 탄 채 줄을 서서 기다렸다가 내 차례가 되면 진입하여 차의 오수배출구와 덤프스테이션의 오수 투입구 위치를 잘 맞춰 차를 세운 다음 오수를 버리고 그 자리에서 수도물을 받는다.

완전훅업Full Hookup과 부분훅업Partial Hookup

캠프사이트는 RV에 필요한 3대 주요자원(전기Electricity, 수도Water, 오수처리 시설Sew, Sewerage 또는 Dump)의 제공 수준에 따라 완전훅업과 부분훅업의 두 가지로 나뉜다.

- 완전훅업 캠프사이트란 위 세 가지 자원을 모두 제공하는 곳을 말한다. 차가 주차되어 있을 때에는 수도와 전기, 일반오수 호스Hose 세 가지를 모두 외부 자원과 연결해 둔 채 사용한다.
- 부분훅업 캠프사이트이란 세 가지 자원 중 어느 하나라도 공용으로 이용하는 곳을 말한다. 거의 대부분 전기를 기본으로 제공하고 나머지 두 가지, 즉 수도와 오수처리 시설은 공동으로 사용한다.

화장실 오수Black Water

화장실오수가 어느 정도 찼다 싶으면(대체로 2/3 이상) 아침에 차를 출발하기에 전에 RV의 일반오수 배출구에 연결된 호스를 뽑아 화장실오수 배출구에 연결하고 오수를 뽑아낸다.

일반오수와 화장실오수를 버리는 호스는 통상 한 개를 같이 사용한다. 둘 중 더 지저분한 화장실오수를 먼저 비우고 다시 그 호스를 이용해 일반오수를 비우면 반대 순서로 하는 것에 비해 호스를 깨끗하게 유지할 수 있다. 통상 오수 배출구는 차량의 운전석 뒤편에 있다.

화장실 오수를 비우는 절차는 다음과 같다.

① 배출 호스를 꺼낸다.

② 한쪽 끝을 차량의 화장실오수 배출구에 연결한다.

③ 다른 한쪽은 바닥에 뚫린 오수 투입구에 연결한다.

④ 화장실오수 배출Black Water Tank Drain 레버를 잡아당기면 물이 빠지는 것을
알 수 있으며 느낌상 다 빠졌다고 생각되면 배출Drain 레버를 밀어 넣어
서 잠근다.

일반 오수Gray Water

화장실오수를 다 비웠으면 이번엔 일반오수를 버릴 차례다. 다음과 같은 순
서로 하면 된다.

① 차량의 화장실오수 배출구에 연결된 호스를 뽑아 일반오수 배출구Gray
Water Tank Drain에 연결한다. 바닥에 연결된 한 쪽은 그대로 둔다.
② 일반오수배출 레버를 잡아당기면 호스가 움직이면서 물이 콸콸거리며
빠지는 걸 알 수 있으며, 느낌상 다 빠졌다고 생각되면 배출Drain 레버를
밀어넣어서 다시 잠근다.

③ 차량에 연결된 청소용 샤워기 호스를 풀어서 꺼낸다.
④ 이를 수도꼭지에 연결하여 오수배출 호스를 잘 세척한 후 원위치한다.

식수의
사용과 보충

RV를 이용하는 큰 매력을 들자면 차안에서 잠을 자는 것은 물론이고 요리와 샤워를 하고, 화장실을 이용할 수 있다는 점일 것이다.

당연한 말이지만 이런 것들을 위해서는 물이 필요한데 물을 너무 많이 싣고 다니면 차가 무거워져 움직임이 둔해지고 연비가 떨어지는 불편함도 따르고, 너무 적으면 원하는 만큼 사용하기가 어렵다.

우리의 경험으로는 캠핑장에 특별한 문제가 없으면 물탱크의 2/3만 채우고 다니다가 1/3 밑으로 내려갈 때 보충을 하면 적절하지 않을까 생각된다.

싱크대와 설거지

완전훅업 사이트에서는 일반 오수 배출 호스를 캠핑장의 오수투입구에 항상 꽂아놓고 쓴다. 설거지가 됐건 샤워가 됐건 물을 아무리 많이 써도 쓰는 족족 배출구로 빠져 나간다.

그런데 부분훅업 캠핑장은 사정이 약간 다르다. 오수탱크에 담긴 오수는 적정 수준이 되면 비워야 한다. 오수를 자주 비우려면 그만큼 시간이 소요된다. 따라서 어느 정도는 물 사용을 조절하는 것이 필요하다.

기름기가 많이 묻은 식기를 씻을 때에는 종이타월로 씻어낸 다음 세제로 닦아내면 물 사용량을 제법 줄일 수 있다. 종이접시를 사용하는 것도 권장할 만한 방법이다. 설거지에 소요되는 시간을 줄이고 물도 효과적으로 사용하는 방법이다.

일회용품 사용이 바람직하지 않다는 것은 다 아는 사실이지만 상황에 따라서 어느 정도 융통성을 보이는 것도 필요하지 않을까 생각한다.

식수 채우기

차 안에서는 싱크대, 화장실, 샤워실 관계없이 모두 수도물을 사용한다. 내가 예약한 사이트가 완전훅업이면 사이트에 도착하자마자 수도 호스를 연결하겠지만, 부분훅업인 경우에는 대체로 아침에 차를 움직여 밖으로 나갈 때 캠핑장 입구 쪽에 있는 덤프스테이션에 들러 식수를 채우게 된다.

식수를 보충하는 절차는 다음과 같다.

① Fresh Water Valve의 평소 위치는 'Normal' 이다.

② 이를 'Tank Fill'로 젖힌다.

③ 호스를 수도꼭지에 연결하고 물을 틀어 물탱크를 채운다.

④ 다 채웠으면 Fresh Water Valve를 다시 'Normal'로 한 다음, 주변을 정리하고 호스가 들어있는 문을 닫는다.

비상 시 물 관리

대부분의 경우는, 다시 말해 캠핑장에 문제만 없으면, 언제든 가까이에서 필요한 만큼 물을 구할 수 있으므로 식수 확보는 신경 쓸 필요가 없다. 하지만 우리의 경우처럼 캠핑장이 갑자기 문을 닫는 비상 상황을 맞으면 물 관리는 대단히 중요하다.

우리는 처음 이틀 동안 Jasper 국립공원 관내 모든 캠핑장이 문을 닫아 참으로 곤란한 상황에 처했다. 물과 차량 연료를 보충하기 위해 한참 떨어진 도시까지 1시간 30분을 달려가야 했다. 소중한 시간을 허비하는 바람에 계획한 일정 일부를 포기해야 했고, 170Km를 달리는 데 필요한 연료도 낭비해야만 했다.

손쉽게 물을 구할 수 있는 상황이 아니라면 가장 먼저 샤워를 참아야 한다. 설거지를 할 때도 1차로 종이타월로 씻어낸 다음 물로 마무리함으로써 물 사용량을 줄여야 한다. 과일이나 야채를 씻는 물도 절약해서 써야 한다.

RV에 대한 지식이 없는 우리는 이런 사실도 전혀 모른 채 물이 안 나오는 캠핑장의 차안에서 따뜻한 물로 샤워를 하고, 아무 생각없이 물을 마구 써서 큰 어려움을 겪었다. 출발 전에 지금 내가 쓰고 있는 이런 종류의 책을 읽고 갔더라면 그렇게까지 애를 먹지는 않았을텐데 하는 아쉬움이 매우 크다.

가급적이면 피해야 할 일이지만 어쩌다 노숙을 하게 되었을 때에도 물사정을 잘 살피는 일이 매우 중요하다.

어려운 일을 겪고 나면 요령이 생기는 법이다. 우리는 마시는 물은 수퍼마켓에서 4리터짜리 식수를 사다 썼는데 빈 통을 버리지 않고 놔두었다가 비상시에 대비해 물을 2~3통 준비해서 싣고 다니니까 한결 마음이 든든했다.

Chapter 5

RV 예약 및 캠핑장 이용

RV 예약

패키지 여행이 아닌 개별 여행을 해본 분들은 Air B&B 라는, 개인이 집의 일부 또는 전체를 대여해주는 서비스를 잘 알 것이다. 집주인의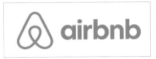

입장에서 보자면 자신이 사용하지 않는 여분의 공간을 여행자와 공유하거나 비어 있는 집을 제공하고 비용을 받는 비즈니스다.

초기에 Air B&B가 등장했을 때에는 상당한 인기를 끌었던 것으로 기억하는데 지금은 사정이 많이 달라졌다고 생각된다. 남는 공간을 제공 내지는 공유하는 게 아니라 아예 이런 일을 거의 본업처럼 하는 사람이 생겨나다 보니 서비스의 질이 예전만 못하고 비용 또한 상당히 올라간 느낌이다.

심지어 요즘은 플랫폼 이용료라는 게 별도로 붙는다. 청소비 또한 추가로 받아서 심한 경우엔 $100을 넘는 곳도 적지 않다. 예전엔 이런 비용들이 전체 요금에 포함된 구조여서 심리적으로 추가비용이 많다는 느낌을 덜 받았는데 요즘은 좀 다른 것 같다. 개인적으로 볼 때 옛날에 비해 장점이 많이 줄었다는 생각이다.

RV 업계에도 Air B&B 모델을 벤치마킹해서 쓰는 곳이 더러 있다. 그 대표적인 사이트 중 하나로 RVezy.com 이라는 곳이 있는데 RV를 Easy하게 대여

한다는 뜻을 담고 있는 비즈니스 업체이다.

 차를 소유한 개인이 플랫폼에다 등록을 하고, 차를 렌트하려는 여행자들이 원하는 기간과 지역, 차종 등을 검색하여 자신에게 맞는 차량을 선택하는 방식이다. 플랫폼에서는 검색 기능 외에도 플랫폼을 통한 차주와 여행자 간 연락 기능과 계약서 등을 제공한다. 대신 여행자들로부터 시스템 사용료를 받고, 보험을 판매하는 과정 등에서 수익을 남긴다.

저렴한 가격으로 자신이 사용하지 않는 기간 동안 차량을 제공하는 비즈니스 모델의 장점이 남아있는 것으로 보인다. 우리도 이곳을 통해 차를 빌렸는데 가격이 대형 업체의 2/3 수준인데다 위치 또한 좋았으며, 비치된 물품도 마음에 들었고 연간 국립공원패스가 붙어있는 등 매우 만족스러웠다.

차량 인수 전날 우리는 차주의 집에서 가까운 Air B&B 숙소에 묵었는데, 최종 결정에 앞서 두 지점 간의 거리, Air B&B 숙소까지 대중교통으로 이동하는 방안 등을 검토하여 정했다. 차량을 픽업하는 날엔 차주에게 요청하여 그의 차량으로 숙소에서 차고지까지 이동했으며, 반납 후 역시 그의 집에서 근처 트램역까지 태워다 주는 서비스를 덤으로 받았다.

Calgary에는 유달리 앞유리창에 좌우로 금이 간 차들이 많다. 우리가 예약한 RV 차주의 승용차도 마찬가지. 픽업 나온 주인에게 물었더니 이렇게 말한다.

"이 지역엔 겨울에 눈이 자주 와서 시 당국에서 제설제를 많이 뿌리는데, 여기에 포함된 쇳가루나 돌이 앞차의 바퀴에 의해 날려서 뒤따라오는 자동차의 앞 유리를 친다."

"당신의 Mercedes Benz는 꽤 비싼 차로 보이는데 왜 금세 고치지 않느냐?"고 물으니 "언제 또다시 깨질지 모르니 보기엔 좀 안 좋지만 그냥 타고 다닌다"고 한다.

겨울에 캐나다 로키를 여행하려고 차를 렌트하는 사람들은 유리창 파손 보험도 들어야 하나?

연간 국립공원 패스Parks Canada Discovery Pass

캐나다의 국립공원을 이용하려면 대체로 1인당 하루 $10.50의 요금을 지불해야 한다. 2인이 7일간 여행을 한다면 $147의 입장료가 소요된다.

매번 입장료를 지불하면 가격이 싸지 않을 뿐더러 너무 번거롭기 때문에 대체로 1년 동안 캐나다의 모든 국립공원을 이용할 수 있는 Parks Canada Discovery Pass라는 걸 사서 이용하게 된다.

가격은 매년 조금씩 인상되는데 1인 당 $72.25, 가족 또는 7인 이내의 그룹은 $145.25이다. 온라인으로 구매할 수 있으며, $6.50을 내면 집까지 해외배송도 가능하다.

일년짜리를 사서 일주일 이용하고 버리는 것이 아깝지만 딱히 마땅한 처분 방법도 없다. 우리는 차주가 이 PASS를 미리 사서 차에 걸어놓은 덕분에 무료로 이용했다.

여행기간 이 PASS 소지 여부를 확인하는 사람은 아무도 없었지만, 소지하지 않고 다니다가 걸리면 많은 벌금을 물어야 한다.

RVezy를 통한 예약

RVezy는 RVezy.com 또는 앱을 통해 회원 가입 후 이용이 가능하며, 구글 ID 로 로그인하면 별도의 가입절차 없이도 이용할 수 있다.

차량을 예약하려면 먼저 렌트할 위치와 기간을 입력하여 검색부터 한다.

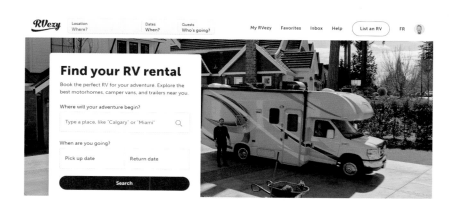

범위를 좁히기 위해 Drivable 탭에서 'Class C'를 선택하고 Price Range를 적절히, 예컨대 하루 $200~300 선으로 설정하면 오른쪽에 대략적인 위치가 표시된다. 위치와 가격, 차량의 스펙 등을 꼼꼼히 살펴 최종 후보를 몇 개 선 정한 다음 차주에게 연락하여 궁금한 사항을 추가로 문의할 수 있다.

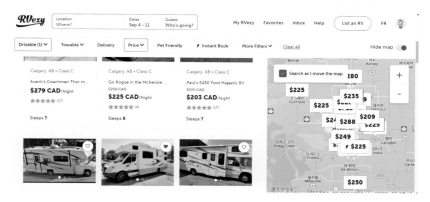

차주와의 연락은 기본적으로 플랫폼을 통해 이루어지지만 이메일이나 전화번호를 받아 왓츠앱WhatsApp으로 해도 된다.

Air B&B의 경우 계약 전 집주인과의 연락을 철저히 통제한다. 하지만 RVezy에서는 이용 계약과 보험 등의 문제가 있기 때문에 RVezy라는 플랫폼을 통해서만 이용이 가능한 탓인지 개인 간 연락에 아무런 제한을 두지 않는다.

차량 선정 시 고려할 사항

- 연식(차령)이 10년을 넘는 차량은 엔진 자체에 문제가 없다 하더라도 내부 설비가 노후되어 불편할 수 있다.
- 너무 작은 차량은 식수와 오수 탱크의 크기가 작아 불편할 수 있으니 24~26피트 크기로 선택할 것을 권장한다.
- 차고지 위치를 잘 고려해야 한다. 50Km 이내에는 무료로 배달을 해주는 곳도 있으나 대부분 일정 거리를 넘으면 배달료를 받는다. 차주에게 숙소에서 차고까지 데려다 달라고 요청할 수도 있다.
- 차량 픽업 시간은 대체로 13:00, 반납은 11:00이다. 우리는 차주에게 부탁해 10:00에 픽업했다. 실제로 차가 필요한 날짜를 정확하게 계산해야 한다.
- 'Price Details' 항목에서 일일 운행거리에 제한이 있는지, 발전기 사용 시간에 제한이 있는지, 보험은 어떻게 되는지 등을 꼼꼼히 확인한다.
- 추가항목Add-ons도 잘 살펴야 한다. 보통 침구류Bedding and Linen는 렌트에 포함되지만 그렇지 않은 곳도 있고, 접이식 의자Camping Chair 비용을 별도로 부과하는 곳도 있다. 차주에 따라 천차만별임을 잊지 말자.

- Roadside Assistance라는 긴급지원 서비스가 있는데 차 키 분실이나 연료 소진, 타이어 교체, 견인 등의 상황에서 출동하여 문제해결을 도와준다. 차량 파손 면책보험과는 다르다.

- 차주와의 대화를 통해 차량에 비치된 물품의 종류와 상태를 잘 점검한다. 체크리스트를 만들어 하나하나 정확하게 물어보고 확인하는 것이 바람직하다.

- 각종 선 지불 비용(Fuel Refill, Propane Refill, Emptying Antiseptic Prepayment)의 경우 해석의 차이가 있을 수 있으므로 정확히 확인해야 한다. 차량을 반납할 때 여행자가 이 세 가지 중 하나를 게을리하면 보증금Security Deposit에서 많은 금액을 공제하고 남은 돈만 돌려준다는 사실을 명심하자.

- 예약을 했더라도 일정 시간 이전에는 취소할 수 있고, 차주와 협의를 통해 조정할 수도 있으니 혹시 실수를 했더라도 크게 걱정할 필요는 없다.

- 적절한 명분이 있으면 요금을 깎아 달라고 하는 것도 가능하다. 부담스럽지 않게 슬쩍 물어보는 방법도 있다.

전문 업체를 통한 예약

캐나다 로키에는 CanaDream, Cruise Canada, Fraser Way 등 3개의 대규모 RV 대여 전문업체가 있다. 캐나다 전문 업체는 아니지만 Motorhome Republic(www.motorhomerepublic.com)이란 다국적 렌트업체도 있다.

전문업체를 통해 렌트를 하는 경우의 장점으로는 표준화된 서비스와 높은 수준의 서비스 품질 등을 꼽을 수 있다. 반면에 비용은 Air B&B형에 비해 다소 높다.

CanaDream

CanaDream은 캐나다 최대규모의 RV 대여 전문업체다. 캐나다 로키를 여행하는 동안 CanaDream 차량을 가장 많이 보았다. www.canadream.com에서 예약한다.

　드라이브트래블이라는 한국 회사가 CanaDream의 예약대행을 맡고 있는 공식대행사로 알려져 있는데, 자세한 내용은 https://drivetravel.co.kr/rent-rv/canada-rv-quote에서 알아보면 된다.

Cruise Canada

Cruise Canada는 별도의 홈페이지는 운영하고 있지 않으며 미국의 Cruise America 홈페이지를 통해 접속하면 된다. www.
cruiseamerica.com에 접속한 다음 STATE 항목에 'Alberta'를 선택해서 예약을 진행한다.

Fraser Way

www.fraserway.com에서 예약한다.

예약 시 참고 사항

렌트 기간

- 최소 대여기간은 보통 7일이다. 이보다 짧게 렌트를 하더라도 7일분 비용을 지불한다.
- 대체로 차량 픽업 시간은 13:00, 반납은 11:00이다. 실제로 차를 이용하는 날 수는 계약보다 하루정도 줄어드는 셈이다.

차량 크기

- 여행에 가장 편리한 차량은 '모터홈 Class C 24~26피트'이다.
- 엔진 Size는 3,500~4,500CC가 적당하지만 여행자가 선택할 여지는 별로 없고 렌트회사에서 제공하는 차량 중 하나를 선택해야 한다. 5,000CC가 넘는 차는 연료비 부담이 만만치 않다.

렌트 기본료

- 렌트 비용은 성수기와 비수기의 차이가 매우 크다. 26피트 정도의 Class C 모터홈을 렌트할 경우, 비수기에는 대체로 하루 $150 전후, 성수기에는 $400이 넘는다.
- 대략적인 월별 1일 기본 렌트비용은 다음과 같다.

6월	7월	8월	9월
$200 ~ $300	$300 ~ $450	$300 ~ $450	$200 ~ $300

옵션 선택

- 전문 대여업체를 통한 렌트는 기본요금 외에 여러가지 옵션을 추가로 구매하는 형식으로 이루어진다.
- 먼저 주행거리 추가 옵션이 있다. RV를 렌트할 때 기본적으로 제공되는 거리는 보통 1일 100Km 정도다. 더 필요하면 비용을 지불하고 추가한다. Calgary - Jasper 왕복만 해도 850Km니까 최소한 1,200Km의 운행거리는 확보되어야 마음 편하게 운전할 수 있다.
- Plan에 따라 1일 150Km, 200Km, 무제한 등의 옵션 중에서 하나를 선택할 수도 있다.
- 부엌용품Kitchen Kit, 침구류 세트Linen Kit, 화장실용 중화제Toilet Chemical 등은 대체로 추가 구성품Extra Item으로 선택하도록 되어 있다.
- 운전자 추가(하루 $5 정도), 차내 각종 설비의 사용법 설명($50), 애완동물 탑승($300), 배달 및 반납 대행(각 $300) 같은 옵션도 선택할 수 있다.

- 이밖에 긴급지원 패키지도 있다. 운행 중 앞유리에 돌이 튀어 유리창이 깨지거나, 타이어가 펑크나거나, 연료가 떨어지거나, 견인이 필요한 경우 등에 긴급지원 서비스를 받는 옵션을 말한다. 발전기 무제한 사용 옵션도 선택할 수 있다. 요금은 대체로 하루 CA$10 정도부터 시작하여 다양하다.

총 비용

- 옵션을 추가하면 기본 요금 외에 적지 않은 렌트 비용이 추가된다.
- 성수기에 Calgary에서 26피트 Class C 모터홈을 1주일 렌트하는 비용은 대체로 CA$3,000 조금 넘는 수준이다.

할인 프로그램

- 충분히 일찍 예약하는 경우 할인 혜택으로 주방용품 및 침구류 무료 제공, 주행거리 추가 등의 프로모션도 있으니 확인해보기 바란다.

픽업 장소

- RV 주차장을 시내에 확보하려면 돈이 많이 들기 때문에 렌트 회사들은 대체로 외곽에 주차장을 두고 있다. 따라서 픽업 장소까지의 이동 문제도 충분히 고려해야 한다.
- 렌트회사에 따라서는 차고지에서 시내 또는 공항을 오가는 셔틀버스를 운행하기도 한다. 셔틀버스가 없으면 Uber나 Lyft 또는 일반 택시를 이용하면 된다.

자동차 보험

보험을 선택하는 것은 참 어려운 일이다. 부족한 경우 만의 하나 사고가 나면 부담이 크고, 너무 많은 옵션Coverage을 선택하면 굳이 내지 않아도 될 비용을 지불하는 셈이 되기 때문이다.

렌터카 회사에 따라 조금씩 다르기는 하지만 대체로 렌터카 회사는 고객이 차를 렌트할 때 신용카드로 일정 수준의 보증금Security Deposit을 확보해 둔다. 이 보증금은 아무런 사고 없이 차를 반납할 때는 전액 돌려주지만, 그렇지 않고 사고가 났을 경우에는 보증금에서 차감을 하고 남은 금액만 돌려준다. 보증금은 대체로 수천 달러 수준이다.

자동차를 렌트할 때 알면 도움이 되는 보험 종류를 살펴보자.

LI(Liability Insurance, 책임보험)

차를 렌트할 때 의무적으로 가입해야 하는 보험이다. 다른 보험을 추가로 들지 않는다면 사고 시 운전자는 책임보험 가입에 따른 한도액까지 지불책임을 진다. 대체로 이 금액을 보증금으로 카드승인을 받아 놓는다.

CDW(Collision Damage Waiver)

차량사고(도난 및 파손) 시 본인부담면제 옵션이다. 이 옵션을 선택하게 되면 차량이 도난당하거나 파손될 경우 내가 부담할 최고금액이 전액 면제된다. 아무리 대형사고가 나거나 심지어 차를 도난당하더라도 내 부담금은 없다는 뜻이다. 어떤 회사에서는 **CDW**를 **LDW**Loss and Damage Waiver라고 부르기도 한다.

렌터카 회사에 따라서는 면책금액이 수리비용 전액이 아니고 일부인 경우도 있다. 이런 경우 본인부담금을 Deductible^{공제금, 면책한도금, 또는 고객부담금}이라고 한다. 이런 경우에는 예약을 할 때, 또는 계약서에 서명을 하기 전에 Deductible이 얼마인지 확인하는 것이 좋다.

CDR(Collision Damage Reduction)

사고 시 본인부담경감 옵션으로 사고가 날 경우 내가 부담하는 한도액이 미리 정해진 금액으로 줄어든다는 의미다.

CDR $500이라면 사고 시 고객이 책임지는 범위가 $500, 즉 Deductible이 $500인 CDW와 동일하다.

PAI(Personal Accident Insurance)

일반적으로 CDW는 내가 렌트한 차의 손상에만 국한해서 본인부담을 면제해 줄뿐 대인 사고에 대해서는 보상을 해주지 않는다. PAI에 가입하게 되면 대인 사고, 다른 차량에 대한 사고까지 보상범위를 확장해 준다.

Full Coverage 보험

통상 CDW + PAI에 약간의 대인 · 대물 항목을 더한 것을 말한다.

RVezy의 경우 차량파손 보험과 관련해서는 1차로 차주가 선택권을 갖는다. 차주가 의무적으로 요구하는 경우도 있으며, 그렇지 않은 경우 여행자의 필요에 따라 보험에 들 수 있다. 보험료는 Roadside Assistance와 묶어서 본인부담Deductible이 $1,000일 경우 하루 $100선, $2,000인 경우 하루 $80 정도가 소요된다.

전문업체의 경우는 자체적으로 차량 파손에 따른 면책보험을 취급하지 않고, 고객이 보험을 원하면 별도로 외부업체를 통해 보험에 가입하도록 안내하기도 한다.

인터넷을 통해 RV를 예약할 때는 특히 보험 부분에 대해 꼼꼼히 물어보고 확인을 한 다음 결제하는 것이 바람직하다. 이메일이나 왓츠앱WahtsApp을 통해 문의하면 근거가 남아서 좋은데, '예를 들어 이런 경우 내 부담금이 얼마가 되는지'를 확인해 두면 더욱 좋다.

**RV 인수,
운행 및 반납**

RV 인수

차를 픽업하기 직전에 차의 상태를 촬영해 두는 것은 생략해서는 안 되는 필수 절차다. 차주 또는 렌탈오피스에 현재 차의 상태와 문제 있는 부분이 어디인지 물어보고 직접 확인한 다음 메모를 해둔다.

찌그러진 부위나 페인트가 벗겨진 곳은 휴대폰 또는 카메라로 가급적 자세히 촬영해 두고, 전체적인 차량의 상태는 동영상 모드로 두 바퀴 이상 촬영해 두는 것이 좋다. 촬영 시간이 다소 길어지더라도 전혀 신경 쓸 필요가 없으니 가급적 자세히 해둬야 한다.

차량 내부에 고장난 부품은 없는지, 또 차 내 비치물품 중 빠진 것은 없는지 등에 대해서도 확인을 해두면 좋다. 차량 연료나 프로판가스의 충전 상태에 대해서도 점검하는 것을 잊지 않도록 한다.

이렇게 자세하게 체크해 두는 이유는 차를 픽업할 때는 미처 발견하지 못했지만 나중에 자세히 보니 눈에 띄게 되면 내가 저지른 잘못도 아닌데 책임을 져야하는 상황이 될 수도 있기 때문이다. 차를 빌려주는 측의 고의가 아니더라도 만의 하나 운이 나빠 그런 상황에 부딪칠 때 녹화된 화면을 보여주면 탈출이 가능할 수도 있다. '만사 불여튼튼'임을 잊지 말자.

운행 시 주의할 점

RV는 차가 커서 움직임이 둔하고 주차가 불편하며, 차내에 비치된 설비도 훨씬 많다. 그러므로 차량을 효율적이고 안전하게 운행하기 위해서는 승용차에 비해 보다 많은 주의가 요구된다.

차량 출발 시

다음 사항들을 점검한 후 출발한다.

- 외부에 연결된 전기와 오수배출 호스 등을 모두 제거하여 제자리에 두었는지 점검한다.
- 밖으로 통하는 계단은 자동 모드로 설정하면 출입문을 열 때 밖으로 나오고, 문을 닫으면 들어가도록 되어 있다. 그런데 매번 문을 여닫을 때마다 계단이 들어갔다 나왔다 하면 번거로워서 많은 경우 수동 모드로 설정을 해 밖으로 꺼내놓고 사용한다. 출발 전에 반드시 자동 모드로 바꾸거나 계단이 들어가도록 해야 한다.
- 어떤 차는 공간을 늘리기 위해 침대가 놓이는 자리 등을 밖으로 밀어낼 수도 있다. 이를 Slide Out이라고 한다. 출발 전에는 반드시 원위치해야 한다.

- 주방기구수납장을 잠그지 않으면 운행 중에 안에 든 물건이 쏟아질 우려가 있다. 반드시 잠그고 출발해야 안전하다.
- 차가 움직이는 동안 물건이 쏟아지지 않도록 잘 고정되어 있는지 확인한다.
- 전등은 전부 다 껐는지 체크한다.

출발할 때는 좌우를 살피면서 천천히 움직이도록 한다. 접촉사고의 대부분이 출발 또는 주차 중에 일어난다.

운전 중

- 과속하지 않는다.
- 안전을 위해 급발진을 하지 않도록 하며, 급제동하지 않도록 앞차와 충분한 거리를 유지한다.
- 고정이 안 돼 덜거덕거리는 물건이 있으면 일행에게 부탁해 즉시 조치한다.

주차할 때

- 가급적 후방주차를 한다. RV는 차가 크고 운전석이 높기 때문에 전방주차를 하면 거리감을 정확하게 알기 어려워 옆 차와 닿을 염려가 있다.
- 대부분의 RV에는 주차를 위한 카메라가 있어서 후방 주차가 더욱 편리하다.
- 후방주차를 하면 사이드 미러를 통해서 옆차와의 거리를 정확히 알 수도 있다.

노숙할 때

노숙, 다시 말해 RV용 캠핑장이 아닌 곳에서 잠을 자는 일은 불가피한 경우를 제외하고는 피하는 것이 좋다. 캐나다는 비교적 안전한 나라로 알려져 있지만, 어쨌든 가장 중요한 것은 안전이다.

- 조건이 좋은 캠핑장에 자리가 없어서 노숙을 해야 하는 상황이라면 훅업시설이 없는 곳을 찾아보자. 빈 자리가 있을 가능성이 있다.
- 너무 외진 곳이나 인적이 드문 곳은 피한다. 되도록 다른 차량이 많은 곳에 주차하도록 한다.
- 경사가 진 곳은 피한다.
- 다른 차량의 통행에 방해가 되지 않도록 한다.
- 물관리를 잘 한다.

캐나다 로키 지역의 주차장 사정

- 캐나다의 국립공원은 주차비를 별도로 받지 않는다. 공원 입장료에 이미 포함돼 있다.
- Moraine Lake는 주차가 거의 불가능하다고 봐야 한다. Moraine Lake에 가려면 아예 처음부터 시내에 있는 Park-and-Ride에 차를 세워 두고 셔틀버스를 타고 이동하도록 한다.
- Lake Louise도 주차 사정이 그리 여유 있는 편은 아니다. Lake Louise에 주차하려면 사람이 많이 몰리는 시간대를 피하는 것도 방법이다.
- 일부 유료로 운영되는 사설 주차장도 있다. Lake Louise의 호숫가 주차

장, Johnston Canyon Lodge 입구의 주차장 등은 유료 주차장이다.

차량의 반납

렌트한 차량을 반납할 때는 연료를 다 채워야 한다. 그렇지 않은 경우 매우 비싼 단가의 연료비를 지불해야 하며, 대체로 렌트할 당시 지불한 보증금 Security Deposit에서 차감된다.

RV의 경우에는 연료 외에 프로판가스도 주입한다. 우리가 차량을 빌렸던 Calgary에는 Co-op이란 주유소에서 차량 연료와 프로판가스를 같이 취급했다.

차량 연료의 경우 대부분 셀프서비스로 주유하지만 프로판가스는 아무나 만질 수 없고 허가를 받은 사람만 취급할 수 있다. 먼저 차량 연료인 디젤을 주유한 후 바로 옆에 있는 프로판가스 저장고로 차를 옮겨 주유구 위치만 가르쳐주면 가스 판매 직원이 다 알아서 해주며 가격 또한 차량 연료보다 훨씬 저렴하다.

오수를 비우지 않고 반납하면 당연히 보증금에서 그 대가를 치러야만 한다. 비싸다!

참고로 세차는 차를 렌트하는 사람이 아니라 차주가 한다.

캠핑장 이용

캠핑장 예약

캠핑장을 이용하려면 먼저 캐나다 국립공원 예약시스템부터 들어가서 계정을 만든 뒤 예약해 둬야 한다. 원하는 캠프사이트에 자리가 없을 수도 있으므로 미리 시간적 여유를 두고 하는 것이 좋다.

다음 설명대로 따라 하면 별 어려움 없이 예약할 수 있을 것이다.

계정 만들기

계정을 만드는 과정은 일핏 보면 다소 복잡하게 느껴질 수도 있지만 차근차근 따라하면 크게 어려운 작업은 아니다.

① 먼저 캐나다 국립공원 예약시스템 홈페이지 주소인 reservation.pc.gc.ca에 접속한 후 'Sign-in' ⇨ 'Continue with GCKey/Interac' ⇨ 화면 오른쪽의 'GCKey' ⇨ 다시 오른쪽 'Sign Up'을 클릭한다.

② 이어 시스템 사용을 위한 이용약관에 동의하는지 여부를 물으면 'I accept'를 클릭한다.

③ 다음 페이지처럼 'UserName'을 만들어서 입력한 후, 'Continue' 버튼을 클릭하여 계속 진행한다.

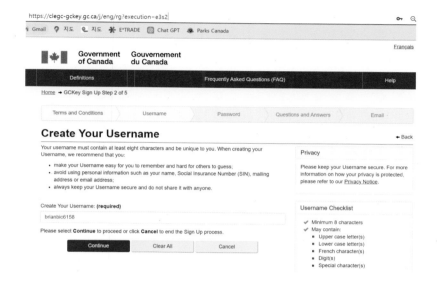

④ 'Password Checklist'에 맞춰 Password를 만들어서 입력하고, Password 분실 시 복구를 위한 질문과 답, Hint를 입력한 다음, 'Continue'를 클릭한다.

⑤ Email 주소를 입력하고, 확인을 위해 한 번 더 입력한 다음 계속하면 입력한 Email이 정확한지 확인하기 위해 오른쪽 화면이 나타난다.

⑥ 'Continue' 버튼을 클릭하면 Email로 8자리 된 확인 코드를 보내온다. 그 값을 다음 화면에 입력하고 다시 'Continue' 버튼을 클릭하면 계정 생성을 위한 과정이 완료된다.

Confirm your Email Address

We have sent a confirmation code to **brian6158@naver.com**. Enter the code below to confirm your email address. The code will expire in 12 hours.

Confirmation Code: **(required)**

Please select **Continue** to proceed or **Cancel** to end this process.

Continue	Clear All	Cancel

Username과 Password는 잊지 않도록 휴대폰 메모장 등에 잘 관리한다.

맨 처음 Sign-in 하는 경우 'Update Account' 화면으로 자동 연결되는데 이름과 연락처, 주소 등을 입력하고 나면 이제 예약시스템을 사용할 수 있는 준비가 완료된 것이다.

캠프사이트 예약하기

캠프사이트 예약은 온라인으로 하며 6개월 전부터 가능하다. Parks Canada Reservation Service 홈페이지(https://reservation.pc.gc.ca/)에서 하면 된다.

① 먼저 캠프사이트를 이용하려는 지역, 도착·출발일자, 이용자 수, 차량 종류 등을 입력한다.

② 'Search' 버튼을 클릭하면 지도 상에 **Banff** 권내의 캠핑장이 펼쳐진다. 여기서 'Tunnel Mountain - Trailer Court'를 클릭하면 아래와 같은 화면을 볼 수 있다.

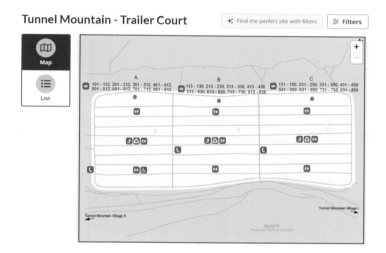

③ 오른쪽 위 있는 'Filters' 버튼을 클릭하면 오른쪽과 같은 화면이 나타난다. 여기서 훅업종류를 지정하면 조건에 맞는 사이트만 볼 수 있다.

④ 우리는 'Electric', 'Water Service', 'Sewer Service'를 지정하여 전기와 물, 오수처리 시설을 갖춘 캠프사이트를

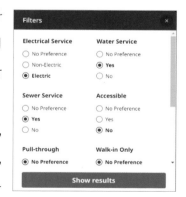

검색했다. 'Accessible'은 Wheel Chair 이용 가능 여부를 말한다.

⑤ Filters를 설정한 후 나타나는 화면에서 원하는 그룹을 설택하면 다음과
같이 개별 사이트들이 표시된 화면이 나타난다. (우리는 B그룹을 선택
했다.) 화면에 나타나는 개별 사이트들은 'Filters'에서 지정한 대로 완
전훅업 사이트들이다.

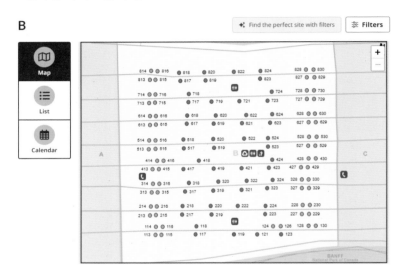

⑥ 여기서 가운데쯤에 위치한 522번 사이트를 선택
해보면 오른쪽과 같은 자세한 정보를 볼 수 있다.
1박 이용료는 $40.75, 최대 수용인원은 6명, 완전
훅업이지만 화덕은 없는 곳임을 알 수 있다.

⑦ 'Reserve' 버튼을 클릭하여 신용카드로 결제를
마치면 이메일로 예약확인서를 보내온다.

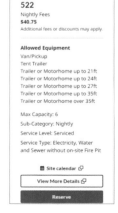

당연한 말이지만 이용 가능한 완전훅업 사이트가 없다면 범위를 좁혀 전기만 공급되는 부분훅업 사이트 등을 찾아봐야 할 것이다.

예약 시 참고사항

- 예약은 충분한 시간적 여유를 두고 해야 한다. 우리는 출발 4개월 전에 예약했는데 Jasper에 있는 Whistlers 캠핑장의 완전훅업 사이트는 빈자리가 없었고, Lake Louise는 Fire Pit이 있는 사이트를 예약하지 못했다. Banff의 Tunnel Mountain - Trailer Court는 대부분의 사이트가 완전훅업이다. 이들 3개 캠핑장은 각 지역에서 가장 인기 좋은 곳이다.
- 요금은 시기, 훅업 종류, Fire Pit 유무에 따라 각기 다르다.
- 장작불은 Fire Pit이 갖춰진 곳에서만 피워야 하므로 캠프사이트 위치를 고를 때 잘 찾아서 선택한다.
- Fire Permit을 별도로 구입해야 하는 곳도 있다. 예약할 때 확인이 필요하지만 비용이 더 들고 완전훅업이 아니더라도 Fire Pit이 있는 게 좋다.
- 화장실과의 거리가 너무 가까우면 냄새가 날 수 있고, 너무 멀면 샤워장을 이용하는 데 불편하므로 '불가근 불가원'의 기준으로 고른다.
- 훅업 시설이 아예 없는 캠프사이트는 많다. 이런 곳은 비용이 저렴하다.

캐나다 로키의 캠핑장

캐나다 로키에서 RV 주차가 가능한 캠핑장은 크게 Jasper, Lake Louise (Columbia Icefield 포함), Banff 등 3개 권역으로 구분할 수 있다.

 이들 캠핑장은 훅업의 종류, 화덕의 유무, 이용 시기 등에 따라 가격 차이가 크다. 권역별로 한 두 곳을 제외하고는 겨울에는 문을 닫으니 예약 가능일을 잘 살펴봐야 한다.

< 캐나다 로키의 주요 캠핑장 >

권역	캠핑장	설비	1박 요금	대수	예약 가능일
Jasper	Whistlers Campground	완전훅업 + Fire Pit	$50.00	43	5.10~ 10.9
		완전훅업	$40.75	77	
		Electrical + Fire Pit	$43.75	126	
	Wabasso	Electrical + Fire Pit	$43.75	49	5.18~ 9.5
	Wapiti	Electrical + Fire Pit	$43.75	86	5.4~ 10.10
Lake Louise	Lake Louise Campground	Electrical	$34.50	189	5.20~ 9.30
Banff	Tunnel Mountain Trailer Court	완전훅업	$40.75	332	5.12~ 10.2
		Electrical	$34.50		
	Tunnel Mountain Village II	Electrical	$34.50	209	Year Round

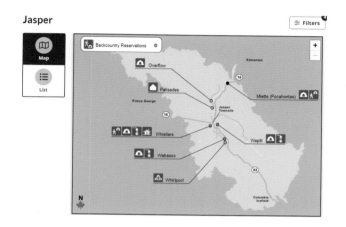

위 지도는 Jasper 지역에서 전기와 화덕만 제공되는 캠핑장을 검색한 예이다. Whistlers, Wabasso, Wapiti 캠핑장 세 곳이 검색된 결과를 보여준다. 당연히 'Filters'에서 조건을 바꾸면 검색범위를 넓히거나 좁힐 수 있다.

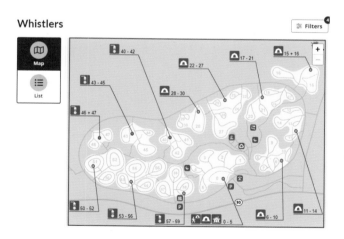

위 지도는 Whistlers를 선택한 경우의 예를 보여준다.

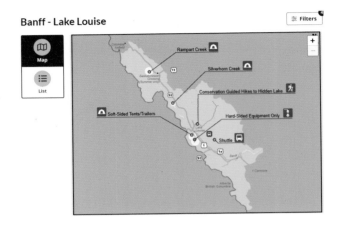

Lake Louise 권역에 완전훅업 캠핑장은 없다. 부분훅업이 가능한 곳 역시 그리 많지 않아 Hard-Sided Equipment Only(텐트나 캠퍼밴과 같이 천으로 된 부분이 없고, RV처럼 외관이 단단한 구조물로만 만들어진 캠핑 차량만 주차 가능)라고 쓰인 구역뿐이다.

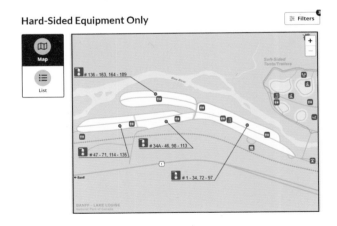

위 지도는 전기가 공급되는 곳을 보여주고 있으며, 여기서 화덕이 있는 곳으로만 제한하면 범위는 더욱 좁혀진다.

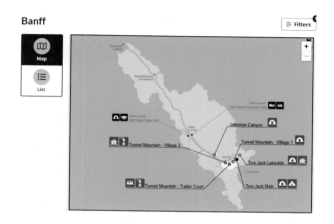

Banff에서 RV를 주차할 수 있는 캠핑장은 두 곳이 있는데, 완전훅업 시설이 있는 Tunnel Mountain - Trailer Court와 부분훅업 캠핑장인 Tunnel Mountain - Village 2이다.

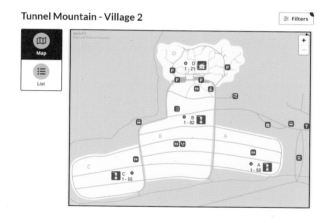

위 지도는 Banff 권역에서 Tunnel Mountain - Village 2를 선택한 예를 보여준다.

예약한 캠프사이트 이용

출발 전에 구글맵이나 맵스미에 정확한 위치를 찍어 놓고 내비게이션 기능을 이용해 따라가면 찾기 쉽다.

캠핑장에 도착하면 입구에 있는 관리사무소Registration Office에서 호텔과 비슷하게 체크인을 해야 한다. 이 때 예약 사이트 번호와 이름을 물어 본인 여부를 확인한다.

체크인을 마치면 왼쪽 사진과 같은 표를 주는데 이를 차의 대쉬보드Dashboard에 올려놓는다.

일단 한 번 체크인을 하고 나면 이후로는 다시 관리사무소에 들를 필요 없이 자유롭게 드나들면 되며, 체크아웃을 할 때도 별도의 조치 없이 사용한 사이트 주변을 청소만 하면 된다.

Chapter 6

RV 여행 준비

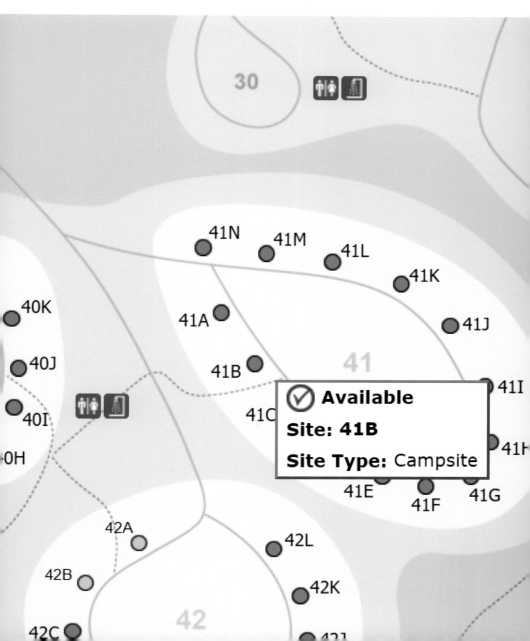

여행의 시작은
준비 단계부터

RV 여행을 어떻게 준비하면 될지 알아보기전에 먼저 배낭여행을 설계하고 준비하는 일반적이고 개략적인 절차에 대해 살펴보자. 여행을 설계하는 사람에 따라서 다르겠지만 여기서는 내가 여행을 설계하는 과정을 소개하고자 한다.

메인 구간 항공권 알아보기

가장 먼저 할 일은 메인Main 구간, 다시 말해 한국에서 여행 목적지의 최초 도착지 간 항공료가 대충 얼마나 하는지 알아보는 것이다. 대체로 Kayak과 Skyscanner 등 두 사이트를 이용한다. 날짜와 도착지를 바꿔가며 검색을 해서 저렴한 티켓의 가격대를 알아본다. 최종적으로 항공사 홈페이지를 방문하여 검색된 시간대의 티켓 가격과 비교해본다. 가격 차가 크지 않으면 항공사 홈페이지에서 티켓을 사는 방법을 우선적으로 고려한다.

지역별 여행정보 수집 및 여행기간 산정

여행할 지역별로 대략적인 체류일수를 정하고 지역 간 이동 시간을 감안하여 합산해서 전체 여행기간을 산출한다.

이를 위해 대형 여행사 또는 분야별로 특화된 소규모 여행사 홈페이지를 통해 해당 지역 내 관광명소를 파악한다. 인터넷을 검색하여 개별여행을 다녀온 사람들의 리뷰를 참고하기도 한다. 파악된 관광명소를 표로 만들어 추가로 파악되는 곳을 넣기도 하고, 안 봐도 되겠다 싶은 곳은 뺀다. 이런 과정을 통해 어느 도시에 며칠 머무를 것인지를 결정하고, 방문하고자 하는 모든 도시를 대상으로 이러한 과정을 반복한다.

어떤 경우에는 여행기간을 미리 잡아 놓고 그에 맞춰 관광명소를 알아보는 경우도 있다. 충분한 시간을 내기 어려운 직장인들은 이 방식을 선호할 수도 있다. 꼭 어느 것이 옳다고는 할 수 없으니까 각자의 형편에 맞게 선택하면 되겠다.

도시 간 이동을 위한 시간 등을 감안하여 최종적으로 전체 여행 기간을 결정한다.

메인 구간 항공권 발권

여기까지 준비가 되었으면 이제 메인 구간에 대한 항공권을 발권한다. 첫번째 단계 - 메인 구간 항공권 알아보기 - 를 한 번 더 수행해서 항공사, 출발·도착 공항, 소요 시간과 출발·도착 시각, 경유지, 요금, 수하물 한도, 공항의 위치 등을 고려하여 항공권을 발권한다.

그러면 가장 큰 일은 마친 셈이다.

지도에 방문지 표시

지역별 여행정보 수집 단계에서 파악한 관광명소 중 방문하려고 하는 곳을 선정하여 구글맵에 표시한다.

주요 즐길거리 선별

관광 우선순위를 설정하여 관심도가 떨어지는 곳은 제외하는 등 적절한 필터링 작업을 한다. 노트북에서 구글지도를 열어 표시된 지점들을 보면서 대중적인 선호도가 낮거나 지나치게 먼 곳은 제외하기도 한다. 구글맵 식당 평점과 블로그 등을 참고하여 맛집도 찾아서 표시해 둔다.

도시 간 이동계획 수립 및 티케팅

이어서 도시 간 이동 계획을 설계한다. 항공편을 이용할 것인지, 자동차를 렌트할 것인지, 아니면 기차나 버스 등 대중교통을 이용할 것인지를 결정한다.

이동 수단을 결정했으면 예매를 한다. 항공편을 이용하여 이동할 계획이라면 로컬Local 구간에 대한 항공권을 발권한다. 버스나 기차를 이용할 생각이면 해당 티켓을 예매한다. 공항과 기차역, 버스터미널 등의 위치를 구글맵에 입력하되 관광명소와 다른 기호로 표시한다.

모든 절차가 완료되면 전체적인 이동계획이 한 눈에 들어오도록 다음과 같이 한 장의 파워포인트 슬라이드로 작성한다.

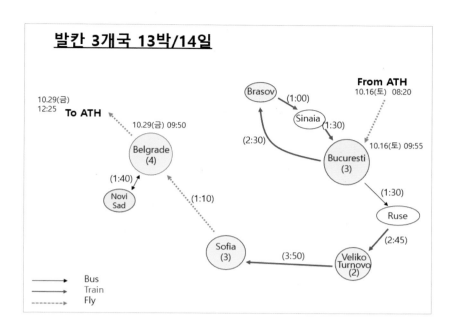

날짜별 일정계획 수립

이제 메인 구간 항공권, 지역별 관광명소의 선정, 숙소, 도시 간 이동 계획 등이 모두 결정되었으니까 지금까지 결정된 사항들을 갖고 엑셀을 이용해서 시간대별 이동계획표를 만든다. 오전 오후로 나눠서 일정 계획을 표시하거나, 아니면 최소한 이보다 더 자세한 시간계획을 작성한다.

숙소 예약

Agoda, Booking.com, Hotels.com 등 호텔검색 사이트 및 구글지도 등을 검색하여 호텔을 선정한다. 최종 결정에 앞서 호텔에서 직접 예약하는 것과 비교해 본다. 여의치 않으면 Air B&B도 알아본다.

관광명소가 밀집한 지역을 중심으로 검토하되 지하철이나 버스 정류장과의 거리를 감안하여 후보지를 몇 개 선정한 다음 가격과 투숙객 리뷰 등을 참고하여 숙소를 결정한 후 예약한다. 구글맵에도 표시한다.

이렇게 하면 전체적인 여행 계획이 만들어진다. 한두 차례 더 자세하게 검토를 해보고 수정이 필요한 부분이 있으면 가능한 범위 내에서 반영한다.

RV 여행
준비 순서

RV 여행과 배낭 여행 준비의 차이를 살펴보기 위해 앞에서 설명한 배낭 여행을 설계하는 절차를 다시 한 번 살펴보면 다음과 같다.

① 메인 구간 항공권 알아보기

② 지역별 여행정보 수집 및 여행기간 산정

③ 메인 구간 항공권 발권

④ 지도에 방문지 표시

⑤ 주요 즐길거리 선별

⑥ 도시 간 이동계획 수립 및 티케팅

⑦ 날짜별 일정계획 수립

⑧ 숙소 예약

RV 여행 준비는 배낭 여행과 비교해 대략 세 가지 정도 다른 부분이 있다. 우선 항공권을 검색할 때 메인 구간 항공권 외에 RV와 캠핑장 사정도 먼저 살펴봐야 한다는 점이다. 이 세 가지가 어느 정도 여유가 있을 때 본격적인 여행 스터디에 착수하고, 어느 하나라도 여의치 않으면 여행 시기를 조정하는 것이 좋다. 항공권을 이미 예약했는데 RV 또는 캠핑장을 구하지 못하면 곤란한 상황에 처할 수 있다. 마찬가지로 RV 예약을 완료했는데 캠핑장이 없으면 난감해진다. 캐나다 로키는 성수기엔 워낙 많은 사람이 몰리다 보니 캠핑장이 순식간에 예약 완료된다. 따라서 항공권 발권, RV 예약, 캠핑장 예약 ─ 이 세 가지 일을 거의 동시에 처리해야 함을 명심하도록 하자.

둘째로, 도시 간 이동계획을 세울 필요가 없다. 차량이 RV로 결정되어 있으니 그저 운전해서 이동하면 된다.

마지막으로, 배낭여행에서는 메인 구간 항공권을 세번째 단계에서 발권했으나 RV 여행에서는 그렇게 해서는 절대로 안 된다. 마지막 단계로 미뤄서 RV 및 캠핑장 예약과 동시에 처리해야 한다.

이러한 사항들을 반영하여 RV 여행을 위한 과정을 아래와 같이 요약할 수 있겠다.

① 항공권 및 RV · 캠핑장 알아보기

② 지역별 여행정보 수집 및 여행기간 산정

③ 지도에 방문지 표시

④ 주요 즐길거리 선별

⑤ 날짜별 일정계획 수립

⑥ 항공권 발권 및 RV · 캠핑장 예약

그러면 지금부터 본격적인 여행의 설계 단계로 들어가보자.

항공권 및 RV · 캠핑장 알아보기

RV 여행에서는 항공권 외에도 RV와 캠핑장 사정을 살펴본 다음에 여행계획을 수립해 나가는 것이 바람직하다는 점은 앞서 강조한 바 있다. 아무 생각 없이 항공권을 덜컥 예매했다가 RV 렌트 비용이 너무 비싸거나 마음에 드는 캠핑장에 빈자리가 없으면 아주 곤란해질 수 있다.

항공권을 검색하는 방법은 앞의 배낭여행 설계 때와 동일하다.

RV와 캠핑장을 알아보는 방법에 대해서도 이미 **Chapter 5**에서 설명했다. RV와 캠핑장에 어느 정도 여유가 있는 것을 확인한 다음 설명대로 진행해 나가면 된다.

성수기에는 RV 렌트 비용이 많이 올라가고 따라서 원하는 RV가 없을 가능성도 충분히 있다. 검색을 해보면 캠핑장이 생각보다 일찍 예약 마감된다는 사실을 알게 될 것이다. 가급적 빠른 시일 내에 항공권 발권과 RV·캠핑장 예약을 마무리하는 것이 좋다.

캐나다 로키 여행 준비는 언제 시작하면 좋을까

6개월 전? 3개월 전? 왜 이렇게 서둘러야 하지?

항공권 외에도 RV 렌트와 캠핑장 예약 때문이다.

6개월 전부터 준비하면 항공권을 저렴한 가격에 구할 수 있으며, RV와 캠핑장 예약을 위한 선택의 폭도 넓고 렌트 비용도 저렴해서 좋다. 최소한 3개월 전에는 준비를 마쳐야 내가 원하는 캠핑장에 머무를 수 있는 가능성이 높다.

캐나다의 일부 캠핑장에서는 불을 피우는 것을 허용한다. 그렇다고 아무 데서나 가능한 건 아니고 화덕Fire Pit 또는 Fire Ring이 설치된 싸이트에 한해서 허용된다. Lake Louise Campground의 경우를 예로 들면 어떤 곳은 화덕이 있고, 어떤 곳은 없다.

따라서 내가 머무는 사이트에서 불을 피우고 싶다면 더욱 서두를 필요가 있다. **The early bird catches the worm.**

지역별 여행정보 수집 및 여행기간 산정

이 단계에서 궁극적으로 우리가 할 일은 각자가 원하는 관광명소들을 선정하고 그에 맞춰 여행 기간을 산출하는 것이다.

먼저 여행정보를 수집하는 방법에 대해 알아보자.

문제해결 방법론의 하나로 'Divide and Conquer Approach'라는 것이 있다. 연구 또는 분석하려는 대상이 너무 커서 어디부터 손을 대야 할지 모를 때, 이를 분할하여 정복하려는 방법론이다.

캐나다 로키는 매우 넓은 지역이다. Banff에서 Jasper까지 300Km거리니 단순히 이동하는 데만도 3시간 30분이 걸린다. 그 중간에 Lake Louise 지역도 있고, Columbia Icefield 권역도 있으며, 중간쯤에서 조금 왼쪽으로 가면 Yoho 국립공원도 있다. 고개를 들면 만년설로 뒤덮인 멋진 산이요, 조금 높은 곳에 올라가서 보면 만년설이 녹아내린 호수와 가문비나무, 전나무, 소나무 숲이 어우러진 모습이 벌려진 입을 다물지 못하도록 숨막히는 아름다운 장관을 만들어낸다.

그런데 지역이 워낙 광대하고 볼거리가 넘쳐서 지역별로 분할해서 정복하지 않으면 어디서부터 손을 대야 할지 막막하기만 하다. 앞서 말한 접근법을 통해 ① Banff ② Lake Louise ③ Columbia Icefield ④ Jasper 등 4개 권역별로 관광명소들을 수집·정리하면 된다. Chapter 2에서는 우리가 방문한 지역을 중심으로 관광명소들을 살펴봤는데, 여기서 다루지 못한 관광지에 대해서는 여러 책들을 참고하고, 필요하면 구글지도의 '관광명소' 검색 기능을 이용해 정보를 수집한다.

여행기간을 산정하는 방법은 앞서 설명(⇨185쪽 참고)한 대로 두 가지가 있다. 첫째는 여행정보를 수집·선별한 다음에 여행기간을 산정하는 방법이고, 둘째는 전체 여행기간을 정해 놓고 여기에 맞춰 방문할 도시와 관광명소를 선택하는 방법이다. 캐나다 로키 역시 마찬가지다.

나의 경우 두 번째 방법을 택했다. 캐나다 로키는 일반적으로 아주 짧게는 5일, 보통은 7일, 길게는 9일 안팎으로 여행 기간을 잡는다. 우리가 대충 자료를 훑어보니 7박 8일이면 적절할 것 같았다. Jasper권에서 2박, Lake Louise권에서 3박, Banff권역에서 2박이면 유명한 관광명소는 둘러볼 수 있을 듯했다.

이런 이유로 해서 우리는 최종적으로 7박 8일로 기간을 잡고 여행을 했으며, Jasper 산불로 인한 캠핑장 폐쇄라는 비상사태만 없었으면 상당히 합리적인 선택이었을 것이라고 생각한다. 물론 여행을 계획하는 독자들은 꼭 이대로 하지 않고, 자신의 취향에 따라 하루 이틀 더해도 좋을 것이다.

캐나다 로키, 어느 시기에 여행하는 것이 좋을까

혹자는 진정한 캐나다 로키를 보려면 겨울에 가야 한다고 한다. 하지만 이는 이미 몇 번 방문해본 적이 있는 사람들에게만 해당되는 말이라고 생각한다.

대부분의 여행자는 평생에 한 번 캐나다 로키를 방문한다고 보는 게 일반적일 것이다. 그럼 만년설로 뒤덮인 거대한 바위산들과, 보기 전엔 상상이 어려운 에메랄드 빛 호수는 언제 보며, 멋진 Larch Valley 트레킹은 포기해야만 할까?

캐나다 로키의 최대 성수기는 6월에서 9월이다. 이때는 사람이 많이 몰리기 때문에 호텔비가 천정부지로 뛰어오른다. 자동차 렌트도 비싸지며 여행객이 많아 유명 관광지를 구경하려면 기다리는 줄이 굉장히 길어진다. 이 시기에 사람이 몰리는 것은 다 그만한 이유가 있기 때문이다.

무엇보다도 결정적인 한 방은 겨울엔 대부분의 캠핑장이 문을 닫는다는 사실이다. 게다가 겨울엔 문을 닫는 관광명소가 많다. Columbia Icefield의 설상차와 Skywalk는 5월초 ~ 10월초, Maligne Lake Cruise는 6월초 ~ 10월초에만 운영한다.

지도에 방문지 표시

구글맵

관광명소 정보를 수집하고 정리하는 과정에서 아래 지도처럼 방문할 곳의
위치를 구글지도에 표시한다.

일반적으로 빨간색 하트, 초록색 깃발, 노란색 별 등의 표시를 사용하는데
각자의 필요에 따라 일관성 있게 분류하면 좋다. 예컨대 하트는 중요도가
높고 이동의 중심이 되는 곳, 별 모양은 주요 볼거리, 초록색 깃발은 맛집 내
지는 수퍼마켓 뭐 이런 식이다.

표시를 마치고 나면 이런 표시들을 이용하여 각 지점 간의 거리와 이동시
간을 산출한다. 표시된 장소가 너무 멀리 떨어진 곳이라면 중요도를 감안하
여 제외할 수도 있을 것이다. 이렇게 정리를 하고 나면 방문하려고 하는 지
점이 일목요연하게 들어온다.

구글지도는 여행객들에게 두말할 필요가 없는 필수 도구이며, 이것 없이
여행을 떠난다는 건 상상할 수조차 없다.

이 글을 읽는 대부분의 독자는 다 알고 있는 내용일 것으로 짐작되지만, 구글맵은 휴대폰과 PC 버전이 연동되므로 PC 화면에서 편집을 한 후 휴대폰과 공유할 수 있다. 물론 그 반대도 가능하다.

구글지도는 기본적으로 온라인 상태일 때 유용하며 도시 지역에서 활용도가 높다. 그런데 캐나다 로키에는 인터넷이 안 되는 곳이 매우 많으며 특히 이동 중에는 전화통화도 불가한 곳도 있다. 이에 대비해서 오프라인 지도를 미리 다운받아 휴대폰에 저장해 두는 것이 좋다.

그런데 사실은 구글 오프라인 지도로 커버가 안 되는 곳도 많다. 산 속이라든지 차가 다니지 않는 길을 찾을 때에는 다음에 소개하는 맵스미를 활용하면 많은 도움이 된다.

맵스미

구글맵도 무용지물일 때 대단히 유용한 도구로 맵스미Maps.Me가 있는데 트레킹에 특히 도움이 된다.

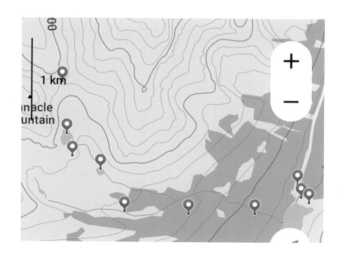

앞 페이지의 지도는 Moraine Lake에서 Sentinel Pass에 이르는 Larch Valley 트레킹 코스인데, 구글지도에는 안 나오는 좁은 샛길까지도 자세히 표시되는 경우가 많다. 출발 전에 지도를 다운로드 해 두면 중간에 인터넷이 끊기더라도 아무 지장 없이 사용할 수 있고, 내비게이션으로 이용할 수도 있으며, Viewpoint들이 잘 표시되어 있어서 트레킹 중에 멋진 전망 포인트를 놓치지 않고 감상할 수도 있다.

맵스미 역시 어느 정도 여행을 해본 사람들은 잘 아는 도구일 것으로 생각된다. 그런데 이 맵스미는 휴대폰 앱으로만 제공돼서 PC에서는 사용할 수 없다.

아래 지도는 Jasper에서 Edith Cavell Meadow에 이르는 경로를 표시한 것이다.

← 경로

❶ Edith Cavell Trailer Parking

🏁 Mount Edith Cavell

내비게이션 기능은 출발점이 현재 위치여야 활용할 수 있기 때문에 여기서 보여줄 수는 없지만, 맵스미는 자유 여행자들을 위해 대단히 유용한 도구다. 차에 내비게이션 기능이 없는 경우 더욱 진가를 발휘한다.

인터넷이 안 되는 지역에서 따뜻한 목소리로 친절하게 길을 안내해 주는 맵스미의 내비게이션 기능은 참으로 고맙기만 하다.

주요 즐길거리 선별

즐길거리와 볼거리들을 수집해서 지도 상에 표시했으면 이들을 모아서 '주요 관광명소(Major Attractions) 표'로 만들 것을 권장한다.

다음 단계인 '날짜별 일정계획 수립'에서는 이동거리나 소요시간 등을 감안해서 넣고 빼야 할 곳들이 생기게 되고, 이런 조정 과정이 몇 차례 반복될 수도 있을 것이다. 어제 생각했던 지점들이 오늘 보면 또 달라질 수 있고, 얼마든지 바뀔 수 있으며, 어쩌면 출발 직전까지도 조금씩은 바뀌게 될 것이다.

이렇게 계획이 바뀌는 것은 어쩔 수 없는 일이지만, 관광명소들을 모아서 표로 만드는 작업은 필요하다. 여기에 소개된 관광명소별 소요 시간은 하나의 사례에 해당할 뿐이니 각자의 판단에 따라 가감하면 되겠다.

표를 만들 때는 마이크로소프트 엑셀Microsoft Excel을 이용하면 아주 편리하다. 간단한 조작으로 순서를 바꿔 그룹화하는 것이 가능하며 특히 날짜별 일정계획을 세우고 조정할 때에는 그 진가를 확인할 수 있다.

소요시간을 산정할 때는 0.25 단위로 할 것을 권장한다. 엑셀에서는 시간 계산도 가능한데 0.25는 15분, 0.5는 30분을 의미한다. 예를 들어 10:30에서 45분 후는 10.5 + 0.75 = 11.25, 즉 11:15라는 것이 쉽게 산출된다. 각 활동별로 시작시간에 소요시간을 더하면 종료시간을 자동으로 계산할 수 있다.

일련번호	Category	Actractions	소요 시간	Zone
1	Major Attraction	Columbia Icefield + Glacier Skyalk	4	3
2	Major Attraction	Maligne Lake Cruise	2	4
3	Major Attraction	Jasper SkyTram	2	4
4	Major Attraction	Banff Gondola	2	1
5	Major Attraction	Banff Upper Hot Springs	1.5	1
6	드라이브/산책	Bow Valley Parkway	1	1
7	드라이브/산책	Lake Louise	1	2
8	드라이브/산책	Moraine Lake	1	2
9	드라이브/산책	Emerald Lake	1	3
10	드라이브/산책	Fairmont Banff Hotel	0.5	1
11	드라이브/산책	Banff Town	2	1
12	드라이브/산책	Jasper Town	2	4
13	드라이브/산책	Minewanka Lake	2	1
14	트레킹	Larch Valley	4	2
15	트레킹	Beehives	3	2
16	트레킹	Edith Cavell Meadow	2	4
17	트레킹	Tunnel Mountain	2	1
18	트레킹	Johnston Canyon	2	1
19	트레킹	Valley of 5 Lakes	1.5	4
20	트레킹	Maligne Canyon	2	4
21	트레킹	Plain of Six Glaciers	3	2
22	트레킹	Lake O'hara	8	2
23	트레킹	Vermilion Lake 자전거	2	1

Zone 1	Banff 권역
Zone 2	Lake Louise 권역
Zone 3	Columbia Icefield 권역
Zone 4	Jasper 권역

위 표는 활동별로 정리한 표인데, 엑셀의 순서 정렬 기능을 이용해서 다음 페이지의 표와 같이 간단하게 Zone + 활동 순으로 재배열할 수 있다. 엑셀 사용이 여의치 않는 사람들은 위 과정을 생략하고 수작업을 통해 다음 단계로 넘어가도 되겠다.

우리의 일차적인 목표는 관광명소를 Category별로 구분하는 것이 아니라 권역별로 구분하는 것이며, 최종적으로는 인접한 관광명소들을 조정하여 시간을 배분하고 궁극적으로는 날짜 별 일정계획표를 만드는 것이다.

일련번호	Zone	Actractions	소요 시간	Category
4	1	Banff Gondola	2	Major Attraction
5	1	Banff Upper Hot Springs	1.5	Major Attraction
11	1	Banff Town	2	드라이브/산책
6	1	Bow Valley Parkway	1	드라이브/산책
10	1	Fairmont Banff Hotel	0.5	드라이브/산책
13	1	Minewanka Lake	2	드라이브/산책
18	1	Johnston Canyon	2	트레킹
17	1	Tunnel Mountain	2	트레킹
23	1	Vermilion Lake 자전거	2	트레킹
7	2	Lake Louise	1	드라이브/산책
8	2	Moraine Lake	1	드라이브/산책
15	2	Beehives	3	트레킹
22	2	Lake O'hara	8	트레킹
14	2	Larch Valley	4	트레킹
21	2	Plain of Six Glaciers	3	트레킹
1	3	Columbia Icefield + Glacier Skyalk	4	Major Attraction
9	3	Emerald Lake	1	드라이브/산책
3	4	Jasper SkyTram	2	Major Attraction
2	4	Maligne Lake Cruise	2	Major Attraction
12	4	Jasper Town	2	드라이브/산책
16	4	Edith Cavell Meadow	2	트레킹
20	4	Maligne Canyon	2	트레킹
19	4	Valley of 5 Lakes	1.5	트레킹

캐나다 로키를 여행했는데 트레킹을 최소한 서너 군데 하지 않았다면 이 지역을 제대로 여행한 것이라고 할 수 없다. Lake Louise가 아무리 아름답고 Jasper SkyTram을 타고 올라가 내려다보는 경관이 아무리 훌륭하다고 해도, Maligne Lake의 Spirit Island가 주는 감동이 아무리 크다고 하더라도, 자연을 벗삼아 땀을 흘리며 내 발로 직접 걷는 트레킹과는 차원이 또 다르다. 뙤약볕 아래 거친 숨을 몰아쉬며 끝없이 펼쳐지는 Ten Peaks를 바라보면서 Larch Valley를 걸어보지 않고서 어찌 캐나다 로키를 다녀왔다고 말할 수 있으랴!

날짜별 일정계획 수립

권역별 주요 볼거리들을 표로 작성했으면, 다음 단계는 이동 시간과 관광명소별 소요 시간을 고려하여 날짜별로 일정계획표를 만드는 것이다.

이때는 일출과 일몰 시간도 감안할 필요가 있는데, 구글에서 검색이 가능하다. 'Sunrise in Banff on September 10' 또는 'Sunset in Jasper' 등으로 검색하면 된다.

캐나다 로키의 여름과 가을은 생각보다 낮이 길다. 일생에 단 한 번이 될지도 모르는 여행인데, 다른 곳에 비해 훨씬 많은 비용을 들여서 온 여행인데, 낮 시간을 최대한 활용해야 되지 않을까?

이동거리와 소요시간 계산은 구글 지도를 이용하는데, 이때 주의할 점은 여유 시간을 감안해야 한다는 것이다. 구글에서 알려주는 시간만 계산에 넣었다가는 항상 바쁘게 되어 있다. 경험에 의하면 20% 정도를 더해서 이동 시간을 산정하면 한결 여유롭게 움직일 수 있다.

식사 시간도 좀 여유롭게 잡는 것이 좋다. 일정계획을 너무 빡빡하게 세우면 항상 쫓기듯 바삐 움직여야 하기 때문이다. 예컨대 Columbia Icefield Explorer + Glacier Skywalk 투어를 하는 데 소요되는 시간은 단순계산으로는 2시간 30분이지만, 여기에다가 체크인 시간과 줄이 길어서 기다려야 하는 시간 같은 것을 포함해서 4시간 정도는 잡아야 한다.

우리는 가르쳐주는 사람이 없어 이 부분을 좀 간과한 탓에 계획한 것들을 다 돌아보기 위해 엄청 바삐 움직여야만 했다.

일정계획을 수립하는 데 있어서 매우 편리한 도구 중 하나는 마이크로소프트 엑셀이다. 가장 큰 이유는 엑셀에서는 시간을 수식으로 표현하여 계산이 가능하다는 점인데, 자세한 활용법에 대해서는 '부록 1. 알아두면 유용한 엑셀 활용법'을 참고하기 바란다. 혹시 잘 이해가 안 되는 분들은그냥 숫자를 적어 넣어 표시하는 방법을 사용해도 될 것이다.

항공권 발권, RV·캠핑장 예약

날짜별 일정계획을 수립했으면 이제 항공권을 발권하고 RV와 캠핑장을 예약할 차례다.

앞의 '항공권 및 RV·캠핑장 알아보기' 단계에서 1차로 수집된 자료와 직전 단계에서 작성된 일정계획에 따라 처리하면 된다.

항공권 발권

앞에서도 잠간 언급했듯이 캐나다 로키를 어느 정도 깊이 있게 둘러보기 위해서는 최소 7일은 필요하다. 다만, 오가는데 3~4일을 잡아야 하니까 총 여행기간이 최소한 10일은 돼야 적절하지 않을까 생각한다.

여행비에서 상당히 큰 부분을 차지하는 것이 항공권이다. 저렴한 항공권을 구하려면 무엇보다도 인터넷을 잘 활용해서 '손품'을 좀 팔아야 한다.

도착 도시를 어디로 할 것인지도 아주 중요한 관심사 중 하나다. 일단 한국에서 출발한다고 할 때 캐나다의 도착 도시로 가장 먼저 떠오르는 곳이 Calgary이고, 다음으로는 주도인 Edmonton이다. Edmonton은 Jasper에서 365Km 떨어진 곳인데, Calgary - Banff 구간이 125Km인 점을 고려하면 거리가 좀 멀지만 접근성이 좋고 차량 렌트가 편리한 도시다.

다음으로 Vancouver를 들 수 있는데 이 경우엔 Vancouver - Banff 구간 이

동을 어떻게 할 것인지에 대한 고민이 좀 필요하다. 나로서는 별로 추천하고 싶지 않은 선택이다.

목적지를 Calgary 또는 Edmonton으로 할 경우에는 인천 - Vancouver 구간 표를 먼저 사고, 이와 별도로 Vancouver - Calgary 또는 Vancouver - Edmonton 구간의 국내선 항공권을 사는 게 유리한지, 아니면 아예 처음부터 인천 - Edmonton 또는 인천 - Calgary 구간 티켓을 살 것인지도 검토해 볼 필요가 있다.

캐나다 국내선에는 저가항공도 많은데 이 때는 티켓 비용뿐만 아니라 수하물 비용도 면밀히 비교해 보아야 한다. 일부 저가항공사는 거의 수하물 장사라고 해도 과언이 아닐 만큼 티켓 값 대비 수하물 비용이 높고, 심지어는 기내용 캐리어도 별도로 비용을 지불해야 하는 경우도 많다.

*****

우리는 2022년 5월 초 국내 포털사이트를 통해 어느 유명 할인 항공권 판매업체인 T여행사에서 왕복티켓을 샀다. 8월 28일 인천(ICN)을 출발, Haneda(HND)를 경유하여 Newark(EWR) 공항에 도착하고, 2개월 후인 10월 29일 Newark을 출발하여 San Francisco (SFO)를 경유, 인천에 돌아오는 일정이었다.

이렇게 간단치 않은 비대칭 경로를 택한 것은 비용문제도 있지만 미국 내 첫 도착지에서 수하물을 찾아 다시 부치는 번거로움을 피하기 위해서였다.

미국은 출국심사 제도는 없고 입국심사만 있다. 미국입국 시 환승을 하는 경우 첫 번째 미국 내 도착지에서 입국심사를 마친 후 수하물을 찾아서 보안검색대를 통과해 다시 짐을 부치는, 이른바 수하물 재위탁Baggage Re-check-in을 해야만 한다. 이걸 피하려면 미국 도착 후 환승을 하지 않도록 노선을 짜야 하는데 직항의 경우엔 티켓 값이 많이 비싸다. 이런 배경에서 우리가 택한 ICN-HND-EWR 코스는 나름대로 묘수라고 생각을 했다.

그런데 출발 약 한 달을 앞두고 T여행사로부터 메일이 한 통 날라왔다. 경유지가 ICN-HND-SFO-EWR로 바뀌었다는 것이다. 뿐만 아니라 더 심각한 문제가 있다. HND에서는 A항공에서 U항공으로 환승을 해야 하는데 주어진 시간이 45분뿐이다. 상식적으로 볼 때 이 시간 동안에 국제선 환승은 극히 어려울 뿐만 아니라 수하물이 제대로 연결될 지도 의문이다.

T여행사에 이런 문제를 제기하니 우리가 처한 상황이 이해는 되지만 자기들로서는 뚜렷한 대안이 없고 티켓 환불만 가능하다는 말만 되풀이한다. 그런데 이미 티켓 값이 많이 올라서 취소하고 다시 사려면 비용 부담이 꽤 된다. '목마른 사람이 샘을 판다'는 말처럼 U항공 홈페이지에 들어가서 대안을 찾아보려고 했더니 '여행사를 통해서 구입한 항공권에 대해서는 여행사에 문의하세요'라는 안내문구가 선명하게 표시돼 있다.

일단 통화라도 해보자는 생각으로 U항공에 전화를 했다. 어렵게 연결된 U사 담당자에게 '45분 동안 환승이 가능하냐'는 이슈를 반복해서 제기한 끝에 마침내 ICN-SFO-EWR 노선으로 티켓을 바꿔주겠다는 답변을 받았다. 대신 원래 우리가 티켓을 구입한 T여행사를 통해서 요청해야 한단다.

비록 SFO 도착 후 수하물 체크인을 한번 더 해야 하지만 지금 상황에서 그것이 대수랴! 마침내 우리는 추가비용 부담 없이 새로운 티켓을 받았다.

여기에서 얘기하고 싶은 것은 우리가 만약 처음부터 U항공사를 통해서 티켓을 구입했다면 번거로움이 훨씬 덜했으리라는 점이다. 애초부터 자기네

사정이 아니고는 환불이나 변경이 불가한, 그것도 구간에 따라 항공사가 다른 티켓을 산 까닭에 이처럼 가슴을 쓸어내리는 해프닝을 겪은 것이다.

그런데 실은 귀국할 때도 사정이 좀 있었다. 갑자기 급한 일이 생겨 귀국일을 3일 앞당겨야 했는데, 원래는 일정 변경이 불가한 티켓이라 설마 될까 하면서 미국의 U항공 고객센터에 전화를 하니 흔쾌히 일정을 바꿔주겠다고 한다. 물론 티켓 가격의 25% 정도에 해당하는 수수료를 내기는 했지만 그래도 우리가 원하는 날짜에 귀국할 수 있어 참으로 다행이었다.

이런 장황한 얘기를 하는 이유는 "항공권을 구입할 때는 가격 차이가 크지 않으면 가급적이면 항공사에서 직접 구입하는 것이 좋다"는 것을 알려 드리고자 함이다.

RV 예약

항공권 발권과 차량 예약은 보조를 맞춰가면서 거의 동시에 진행해야 처음 세운 계획에 차질이 발생할 가능성이 줄어든다는 점은 이미 강조한 바 있다.

RV 예약은 Chapter 5에서 설명한 내용을 참고해서 다음과 같은 사이트에서 하면 된다.

캠핑장 예약

캠핑장도 Chapter 5에서 설명한 내용에 따라 예약하면 된다.

좋은 시설과 위치를 선택하려면 서두르는 방법 밖에는 없다. 완전훅업 캠핑장이 있으면 그곳부터 시작해서 화덕Fire Pit이 있는 곳을 우선적으로 고려한다. 캐나다 로키는 워낙 유명한 관광지인데다가 RV에 최적화된 곳이기 때문에 생각보다 빨리 예약이 마감된다는 점을 항상 기억하고 미리 예약해야 한다.

완전훅업 캠핑장에 빈 자리가 없으면 부분훅업 시설이 있는 다른 곳을 알아본다. Chapter 5에서 소개한 캠핑장에 빈 자리가 없으면 가까운 지역의 다른 캠핑장을 알아본다. 만약 그마저도 없으면 훅업이 없는 캠핑장이라도 찾아본다.

예약한 사이트는 필요하면 얼마든지 취소하거나 변경할 수도 있다. 하지만 취소한 이후 다시 예약하려면 그 사이에 다른 사람이 그 자리를 잡을 가능성이 있기 때문에 신중히 검토해서 결정하는 것이 좋다.

기타 준비 사항

캐나다 로키에는 수많은 볼거리와 즐길거리가 있으며 그 중 가장 대표적인 것들은 다음과 같다. ④ 대신 Minnewanka Lake Cruise를 넣기도 하지만 유명세는 Maligne Lake Cruise에 비해 훨씬 떨어지는 것 같다.

① Banff Gondola

② Columbia Icefield Explorer

③ Glacier Skywalk

④ Maligne Lake Cruise

⑤ Jasper SkyTram

①~④는 Pursuit라는 회사, ⑤는 다른 회사에서 운영한다. 따라서 콤보티켓 Combo Ticket은 ①~④만 조합이 가능하며 ⑤ Jasper SkyTram 티켓은 별도로 구입해야 한다.

이들 티켓을 개별적으로 살 수도 있지만 여러 개를 묶어서 패키지로 사면 훨씬 저렴하다. 어차피 캐나다 로키에 가는 이유가 이런 종류의 관광명소들을 즐기려는 것이고, 위의 명소들이 대표적이기 때문에 콤보티켓을 사지 않을 이유가 없다.

가격은 현지에서 사든 온라인으로 사든 동일하다. 온라인으로 사면 줄을 서지 않아도 되는 장점이 있지만 대신 체크인 과정을 한 번 더 거쳐 티켓을 받아야 하는 불편도 있다.

온라인으로 구입할 때는 날짜와 시간을 지정해야 하는데, 그 시간에 맞춰서 도착하지 못하면 티켓을 못 쓰게 되는 것이 아닌가 하는 우려가 있을 수 있다. 하지만 그럴 일은 없다. 티켓의 유효 기간이 하루 이틀이 아니라 꽤 긴 기간이다. 게다가 도착 전 48시간 이내엔 아무런 조건 없이 환불도 된다. 따라서 여행 일정이 확정되면 출발 전에 티켓을 사두는 것이 좋다.

휴대폰에 자료 저장

여행을 준비하는 과정에서 만든 자료는 당연히 휴대폰에 복사해 간다. 혹시라도 휴대폰을 분실하거나 액정이 깨지는 수도 있으니 구글 드라이브에 저장해 두면 더 좋다.

나는 Larch Valley의 정상인 Sentinel Pass에 도착해서 Paradise Valley의 그림 같은 모습을 배경으로 셀카Selfie를 찍다가 그만 휴대폰을 떨어뜨리고 말았다.

액정에 두 줄로 금이 가기는 했지만 지문인식을 제외한 다른 기능들은 모두 정상적으로 작동해서 얼마나 가슴을 쓸어내렸으며 얼마나 감사했는지 모른다. (⇨53쪽 참고) 한국에 돌아와서는 액정을 교환한 후 가입한 여행자 보험에 청구해서 수리비의 90%를 돌려받았다.

항공권, 호텔예약확인서, RV 계약서, 캠핑장 예약확인서, 일정계획표, 주요 관광명소 예약확인서, eTA, Passport, COVID-19 백신접종증명서 등 관련 자료는 빠짐없이 휴대폰에 담아 둔다.

구글과 맵스미 오프라인 지도를 챙기는 것도 잊지 말자.

휴대폰과 인터넷

로밍을 해서 휴대폰을 사용하면 편리하지만 10여일 간의 비용 문제도 있고, 현지에서 통화가 필요한 경우도 있어 현지 SIM카드를 구입할 것을 추천한다.

인터넷에서 검색해 보면 캐나다 심카드는 어렵지 않게 구할 수 있다. 아마존Amazon에서 구입해 한국으로 배달을 하는 것도 방법이다. 2인이면 두 개를 사도 되지만 1개만 구입하고 하나는 핫스팟Hot Spot을 만들어 사용하는 방법도 있다. 심카드에 따라서는 핫스팟을 허용하지 않는 경우도 있으니 꼼꼼히 따져보아야 한다.

데이터는 5GB 정도면 두 사람이 10일 간 구글지도를 검색하고 내비게이션을 사용하는 데 충분하다. 값싼 심카드의 경우 통화가 안 되는 것도 있는데 이건 그다지 바람직하지 않다. 때에 따라서는 전화를 해서 물어봐야 할 일이 생길 수도 있다.

사용 중인 휴대폰에 캐나다 심카드를 끼우더라도 카카오톡은 그대로 사용할 수 있다. 국내에서 걸려오는 전화를 받아야 되는 상황이면 휴대폰을 두 대 준비해야 하는 번거로움은 있다.

여행경비의 추산과 환전

출발 전에, 또는 여행을 고려하는 단계에서 대략적인 경비를 산출해 보는 것은 필요한 일이다. 여행을 준비하는 과정에서 꼭 마지막에 할 일이라고 생각할 필요는 없다.

우리의 경험을 기준으로 대략적인 집계를 해보면 다음과 같다. 항공료의 경우 9월초 인천을 출발해 Calgary까지 왕복한다고 가정한 금액이다. 2인 기준이며, 단위는 Canadian Dollar다. (7일 간의 여행 기간 앞뒤로 하루씩 추가, 총 9일로 계산)

구 분	경비	비 고
항공료	$1,700 x 2 = $3,400	전문업체 7일 기준
RV 렌트	$3,000	
관광명소 Ticket	$550	
일비	$120 x 9일 = $1,080	
연료비	$350	
캠핑장	$300	7박 기준
호텔비	$180	2박
국립공원 Pass	$140	
합 계	$9,000	

여행 중 현금을 쓸 일은 거의 없었다. 캐나다 로키 여행을 마친 후 이어서 열흘 간 캐나다 동부도시를 여행했는데 총 20여일 간의 여행 기간 동안 CA$130으로 부족함이 없었다. 나머지는 전부 다 신용카드를 사용했다.

우리의 경우 뉴욕에서 일하는 딸의 신용카드를 사용했다. 이렇게 하면 나중에 환전을 하더라도 Canadian Dollar를 US Dollar로 바꾸고 다시 우리 원화로 환산하는 과정에서 생기는 환차손을 줄일 수 있다. 게다가 신용카드 수수료가 나가지 않아 낭비되는 불필요한 지출을 막을 수도 있다.

신용카드 vs. 현금

해외 여행 중 신용카드를 쓰는 게 좋을까? 아니면 현금을 쓰는 게 좋을까? 편리성 면에선 단연 신용카드다. 경제적인 측면에선 상황에 따라 다르다.

원화KRW를 USD로 바꾸려면 현찰을 살 때의 환율을 적용한다. 그런데 그대로 주고 환전하는 사람은 뭘 잘 모르는 사람이다. 대부분의 은행은 고객서비스 차원에서 환전 수수료를 할인해 주는데 할인 비율이 많게는 90%까지 된다. 90% 할인의 경우 환전 금액 = 기준 환율 + (현찰 살 때 - 기준 환율) x (1 - 0.9)가 된다.

신용카드를 쓸 때는 계산방식이 상당히 복잡하다. 재미삼아 한 번 계산을 해보니 정확하진 않지만 어림잡아 이용금액의 1~2% 정도가 추가되는 것 같다.

환율이 오르는 시기 - 원화가치가 떨어지는 시기 - 에는 카드를 쓰면 손해가 좀 날 수 있다. 물론 환율이 떨어지는 시기엔 그 반대다. 그 이유는 카드 결제일과 이용요금 청구일의 차이로 인한 환율변동 때문이다.

해외에서 카드결제를 할 때는 통상 현지 화폐로 결제가 돼서 이를 미국 달러로 바꾼 후 최종적으로 원화로 청구하게 되는데, 미국 달러 결제를 하는 곳에서 원화로 결제를 하면 원화 ⇨ 미국 달러 ⇨ 원화의 환전 과정을 거치게 돼 불필요한 손해가 발생할 수도 있다.

신용카드 승인내역과 이용내역

신용카드 승인내역과 이용내역은 다를 수 있다. 국내도 아니고 해외 여행 중 뭔가 클리어하지 않은 거래가 뜨면 신경이 좀 쓰일 수도 있다.

예를 들어 호텔에 체크인할 때 적지 않은 금액, 예컨대 $500 정도의 Security Deposit을 잡아놓는 경우가 있다. 이때 승인 요청이 발생하지만 이 금액이 실제로 카드회사로 청구되는 것은 아니고 체크아웃할 때 추가로 지불할 금액이 없는 경우엔 이용내역으로 넘어가지 않는다.

신용카드로 주유를 하는 경우는 어떨까? 주유를 하기에 앞서 Fill Up을 하겠다는 선택을 하면 주유 가능한 최대 금액, 예컨대 $200을 승인하고, 주유를 마치면 실제 주유된 금액만큼의 이용내역이 발생하게 된다.

호텔 예약 사이트에서 카드를 등록하면 $1의 승인 요청이 발생하는 경우도 있다. 이 역시 실제로 청구되지는 않기 때문에 이용내역에는 나타나지 않는다.

그런데 한 번 발생한 승인요청은 이용내역으로 넘어가지 않더라도 저절로 사라지지는 않는다.

물건을 구입한 직후 취소를 하는 경우에는 승인만 발생하고 이용내역으로 넘어가지는 않는데 이런 경우엔 좀 답답하게 느껴질 수도 있다. 개운치 않다고 느껴지면 카드회사에 전화해서 확인해 보면 된다.

기온과 복장

구글에서 여행 기간 중 날씨와 기온을 검색하면, 예컨대 'Banff Weather in September'를 검색하면 9월 한 달 Banff 지역의 예년 평균 기온을 비롯하여 최저, 최고 기온을 보여준다. 복장은 여기에 맞춰 적절하게 준비하면 된다.

렌트 전후 머무를 숙소 예약

캐나다에 도착하는 날 바로 차를 픽업하는 것은 체력적으로도, 시간 상으로 도 좀 무리가 될 것이다. 따라서 도착한 다음 날 아침에 차를 인수하려면 도 착 당일은 호텔에서 하룻밤을 지내게 되며, 차를 반납하고 난 직후에도 호 텔 예약이 필요할 수도 있다.

Agoda, Booking.com, Hotels.com 등 대표적인 호텔 검색 사이트를 이용하 되 Air B&B 숙소도 고려해 본다. 나는 개인적으로는 Air B&B를 그다지 선호 하진 않지만 픽업 장소까지의 이동 등을 감안하면 그래도 Air B&B가 대안이 될 수도 있다.

이때 감안해야 할 사항이 숙소에서 주차장까지의 이동 수단이다. 대체로 대중교통을 기대하기는 어렵고 택시, Uber, Lyft 등을 이용할 가능성이 많을 것이다. Uber나 Lyft를 이용하려면 사전에 준비가 좀 필요하다. 회원가입을 해야 하고 신용카드 등록도 해야 한다. 그런데 우리나라에선 Uber나 Lyft 앱 자체를 설치할 수가 없다. 따라서 이들 앱이 필요하면 현지에 도착한 다음 에 해야 한다.

택시라고 해서 항상 Uber나 Lyft보다 비싼 것만은 아니다. Rom2Rio라는 앱을 이용하면 개략적인 택시요금을 알아볼 수 있다. 이를 기준으로 해서 택시나 Uber나 Lyft 중 저렴한 수단을 고르면 좋다.

Packing List

챙겨야 할 물건이 빠지는 일이 없도록 여행용 체크리스트가 있으면 좋다. 사적인 목록이라 다소 민망하지만 **My Packing List** - 캐나다 로키 여행 때 엑셀로 정리한 것 - 를 아래 공개한다.

필수품
여권
운전면허증/ 국제운전면허증
코로나 예방접종증명서
현금 (EUR / KRW)
신용카드 2장

전자제품류
휴대폰 + 고무줄 + 거치대
캐논 D6 Mk II
캐논 M2
Tablet PC
고속 충전기 + 케이블 3
차량용 충전기
보조 배터리
USB + Micro SD 컨버터

의류
팬티 5
런닝 5
양말 7
얇은 내의 한 벌
Columbia 점퍼
오리털 Padding
수영복
긴 바지 3 + 반 바지 3
긴 소매 티 3 + 반 소매 티 4
실내용 반바지 + 면 티 각 1
손수건 3

기타
시계 1
볼펜
손톱깎이, 족집게
자전거 장갑
토시 2
Tilley Hat
등산화 / 운동화 / Camper 각 1
Mask
물티슈 + 마른 티슈
칫솔/ 치약/ 치실/ 빗
전기 면도기 + 충전기 + Brush
Lotion / Sun Cream
베네똥 보조가방
번호자물쇠

휴대폰 항목에 고무줄이 있어서 의아할 수도 있는데, 우리는 내비게이션 대신 휴대폰의 구글맵과 맵스미를 사용했다. 휴대폰을 고무줄로 에어컨 통풍구에 묶어서 사용하니 아주 편리했다.

현지 도착 후
해야 할 일

공항에서 호텔로 이동

공항은 넓다. 차가 들어오는 진입로도 대체로 두 차선 이상이다. 방금 도착한 사람이 우버Uber나 리프트Lyft를 불러 운전사와 정확한 위치에서 만나는 것만 해도 결코 쉬운 일이 아니다. 그것도 앱이 설치되어 있는 경우에나 가능하다.

Calgary 공항 역시 마찬가지다. 차라리 택시나 시내버스를 이용해서 호텔로 이동하는 게 나을 수도 있다. 캐나다에서 택시를 탔다가 바가지를 쓰는 건 아주 드문 일이 아닐까 생각되지만 사전에 이동 거리와 소요 시간, 예상 요금이 대충 어느 정도 된다는 것 정도는 알아두면 좋을 것이다. 앞 페이지의 사진은 캘거리공항과 시내 사이를 운행하는 300번 버스다.

카메라 시간 설정

휴대폰의 시간은 기지국에서 보내주는 신호에 따라 자동으로 설정되지만 카메라의 시계는 별도로 시간대Time Zone를 맞춰줘야 한다. 그렇지 않으면 나중에 촬영 시간순으로 정렬할 때 정확한 값을 얻을 수가 없다.

더구나 나중에 사진을 정리하면서 휴대폰 사진과 카메라 사진을 합치는 경우 촬영 시간이 달라서 상당히 불편할 수 있다. 사소한 것 같지만 상당히 중요한 사항이다.

시간 설정과는 관계가 없지만 매일 아침 카메라에 새로운 폴더를 생성하여 날짜별로 촬영한 사진을 각기 다른 폴더에 저장하도록 하는 것도 좋은 방법이다.

호텔에서 RV 주차장소로 이동

대중교통을 이용할 수 있다면 행운이다.

아주 먼 거리가 아니라면 택시를 이용하는 것이 간편하긴 하겠지만 호텔에 도착해 휴식을 취하면서 우버나 리프트 앱을 설치하는 것도 생각해 볼 필요가 있다.

택시 요금을 알아보는 차원에서도 이러한 앱의 설치는 도움이 되지 않을까 생각한다.

식료품·생필품 및 소모품 구입

캐나다 로키는 물가가 엄청나게 비싼 곳이다. 과일, 쌀, 라면, 커피, 빵, 우유, 식수 등의 식료품을 비롯하여 비누, 샴푸, 치약, 종이 타월, 일회용 접시, 종이컵 등의 소모품은 Banff나 Jasper 도착 전에 큰 마켓에 가서 미리 구입해 두는 것이 좋다.

차를 인수하고 난 후 근처 수퍼마켓에 가서 필요한 물품을 구입한다.

● Coleman 휴대형 LP 가스가 필요할 수 있는데, 이런 물품은 수퍼마켓엔 없고 Canadian Tire라는 대형 철물점에서 구입할 수 있다. 라이터나 장작불을 피우기 위한 불쏘시개Fire Starter 등도 같이 구입한다.

● 화덕Fire Pit에서 불을 피우는 데 필요한 장작은 캠핑장에서 무료로 제공한다. 자세한 위치는 캠핑장 정보를 참고하면 된다.

● 주류는 지정된 곳(Liquor Store)에서만 취급한다.

부록

엑셀의 시간 표현과 계산

엑셀에 익숙하지 않은 독자들이라도 여기서 소개하려는 내용은 대단히 편리한 기능이므로 잠시 시간을 내서 배워 두면 많은 도움이 되리라 믿는다.

엑셀은 내부적으로 시간을 24로 나눈 숫자 형태로 관리한다.

다음 페이지에 나오는 두 개의 표는 같은 내용을 표시 형식만 달리 해서 위 표에서는 숫자로, 아래 표에서는 수식으로 표현한 것이다.

예컨대 위 표에서 C10은 8:30인데, 아래 표 C10에는 30분을 0.5로 계산한 8.5(8+0.5)를 24로 나눈 값 0.3541666666666667로 저장하는 것을 보여준다.

아래 표에서 D10은 C10 값에다가 F10(0.5시간)을 24로 나눈 값을 더한 수치임을 알 수 있으며, 이 값은 위 표의 D10 값, 즉 09:00이다.

엑셀에서 시간을 이렇게 표현하는 것은 시간 계산을 가능하게 하기 위한 것으로, 이렇게 함으로써 소요시간 F10 값만 바꾸면 종료시간 D10 값은 자동으로 바뀌게 된다.

Canadian Rockies

Sunrise in Banff/Jasper Area: 07:30, Sunset: 20:30; 낮의 길이: 13시간

Day	From	To	Activity	소요시간	비고
1일차 (9.6 화)	8:30	9:00	Calgary 호텔 -> RV 픽업장소	0.5	
	9:00	10:00	차량 인수	1	
	10:00	11:00	식료품 구입 @ Safeway	1	
	11:00	12:30	Calgary -> Banff	1.5	
	12:30	13:30	점심	1	
	13:30	15:30	Banff -> Crossing	2	Bow Valley Parkway
	15:30	16:00	Crossing Resort에서 휴식	0.5	
	16:00	18:00	Crossing -> Valley of 5 Lakes	2	
	18:00	19:30	Valley of 5 Lakes 트레킹	1.5	
	19:30	19:45	Valley of 5 Lakes -> Jasper 시내	0.25	
	19:45	20:45	Jasper 시내	1	
	20:45	21:00	Jasper 시내 -> Whistler 캠핑장	0.25	
			숙소: Whistler Campground, Jasper (1/2)	12.5	

Canadian Rockies

Sunrise in Banff/Jasper Area: 07:30, Sunset: 20:30; 낮의 길이: 13시간

Day	From	To	Activity	소요시간
1일차 (9.6 화)	0.35416666666666	=(C10+F10/24)	Calgary 호텔 -> RV 픽업장소	0.5
	=D10	=(C11+F11/24)	차량 인수	1
	=D11	=(C12+F12/24)	식료품 구입 @ Safeway	1
	=D12	=(C13+F13/24)	Calgary -> Banff	1.5
	=D13	=(C14+F14/24)	점심	1
	=D14	=(C15+F15/24)	Banff -> Crossing	2
	=D15	=(C16+F16/24)	Crossing Resort에서 휴식	0.5
	=D16	=(C17+F17/24)	Crossing -> Valley of 5 Lakes	2
	=D17	=(C18+F18/24)	Valley of 5 Lakes 트레킹	1.5
	=D18	=(C19+F19/24)	Valley of 5 Lakes -> Jasper 시내	0.25
	=D19	=(C20+F20/24)	Jasper 시내	1
	=D20	=(C21+F21/24)	Jasper 시내 -> Whistler 캠핑장	0.25
			숙소: Whistler Campground, Jasper (1/2)	=SUM(F10:F21)

그러면 아래 표의 C11과 D11 값은 어떻게 계산할까?

왼쪽 사진처럼 C11을 선택한 다음 마우스 포인터를 C11 셀의 오른쪽 아래 끝으로 옮기면 '+' 모양의 포인터가 생기는데 이 때 마우스 왼쪽 버튼을 누르면서 아래로 잡아당기면 그 값이 아래 셀로 복사된다.

D11도 마찬가지다. 이렇게 간단히 복사를 해 두고 나면 앞으로는 소요 시간만 바꾸면 나머지는 엑셀에서 알아서 자동으로 계산해 주는 것이다.

지출 내역 관리에 활용

엑셀은 일상생활에 있어서도 참으로 유용한 도구다. 이를 잘 다룰 줄 알면 숫자와 관련된 일을 아주 쉽게 처리하고 체계적으로 관리할 수 있다.

이는 여행에서도 그대로 적용된다. 앞서 일정계획을 수립할 때도 보았지만 지출내역을 관리하는 데 있어서도 엑셀은 참 편리하다.

매일매일 휴대폰에 기록한 엑셀 시트는 카카오톡이나 메일을 이용해 간단하게 PC로 옮겨 키보드가 있는 환경에서 쉽게 작업할 수 있다.

엑셀의 고급 기능 중 하나인 피벗챠트Pivot Chart라는 것을 이용하면 날짜별 집계도 아주 간단하게 처리할 수 있지만, 이를 위해서는 상당히 높은 수준의 엑셀 활용 지식이 필요한 만큼 여기서는 약간의 수작업을 통해 처리하는 예를 보이고자 한다.

오른쪽 페이지에 있는 지출내역 표를 갖고 알아보자.

아래 화면의 왼쪽과 같이 2022-09-06의 지출금액 세 건을 마우스로 선택하면 화면의 오른쪽 하단에 아래 그림의 오른쪽과 같은 집계표가 보인다.

지출 내역	금액
Grocery @ Safeway	144.01
Coleman Gas @ Canmore	11.54
Wine 2병	47.43

평균: 67.66　개수: 3　합계: 202.98

날짜	지출 내역	금액	항목구분	비고
2022-09-06	Grocery @ Safeway	144.01	1	다카5392
2022-09-06	Coleman Gas @ Canmore	11.54	5	
2022-09-06	Wine 2병	47.43	2	
2022-09-07	Jasper Sky Tram Cafe	18.59	4	다카5392
2022-09-07	Gas(1)	30	3	
2022-09-07	Gas(2)	110.04	3	
2022-09-07	Safeway Hinton	58.54	1	
2022-09-08	Maligne Lake Shirts	47.24	5	다카5392
2022-09-08	Starbucks @ CIF	11.15	4	5392
2022-09-09	Lunch @ Field	57.63	4	다카
2022-09-09	Fuel @ Shell	100	3	다카
2022-09-10	Moraine Lake Shuttle	19	5	다카5392
2022-09-10	Wine 2병	43.55	2	
2022-09-10	Grocery	38.44	1	
2022-09-11	Johnston Canyon Parking	10	5	다카5392
2022-09-11	2Hr Bike Rental	42	5	

이렇게 날짜별로 집계해서 아래 표와 같이 만들면 여행 기간 동안 지출한 금액을 간단하게 산출할 수 있다. 항공권이나 렌터카 비용 등 나머지 칸들은 다른 작업을 통해 채워 넣으면 된다.

날짜	합계	카드	Cash
2022-09-05	113.29	109.29	4
2022-09-06	202.98		
2022-09-07	217.17		
2022-09-08	53.89		
2022-09-09	157.63		
2022-09-10	101		
2022-09-11	89.85		
2022-09-12	37.67		
2022-09-13	274.36		

<날짜별 집계>

구분	합계	카드	Cash
일일 지출 합계	1247.84	1243.84	4
항공권	447		
RV 렌트	2130		
Admission	538		
Hotel+캠핑장	407		
로키 총지출	4,770	9일	
1일 평균	530	CAD	

<항목별 집계>

다시 지출내역 표로 돌아가서 항목구분에 따라 순서 정렬을 하면 지출 금액을 항목별로 그룹화 (1~5)하여 살펴볼 수도 있다. 여기서는 현금지출이 딱 한 건 밖에 없어서 별 의미가 없지만 현금 사용과 신용카드 사용 금액을 별도로 집계하는 것도 가능하다.

항목 구분	금액
1: 식료품	241
2: Wine	91
3: Fuel	324
4: 식비+간식	138
5: 기타	164

<일비 지출 내역>

이 밖에도 다양한 형태의 집계를 할 수 있으니 가능하면 매번 비용을 지출할 때마다 휴대폰 엑셀에 기록하고, 여행을 마무리하는 단계에서 이들을 정리하여 다양한 각도에서 지출을 점검해 볼 것을 권장한다.

캐나다 로키처럼 멋진 곳에 여행을 갈 때는 휴대폰뿐만 아니라 디지털 카메라를 들고 가는 사람도 많을 것이다. 휴대폰과 디카를 둘 다 사용하여 사진을 찍으면 파일 이름 형식이 달라서 나중에 합칠 때 촬영한 순서대로 정렬이 되지 않을 수 있다. PC나 USB 등에 복사를 하다 보면 '만든 날짜'가 복사한 날로 설정되어 버리는 경우도 있다.

안드로이드Android 휴대폰으로 촬영한 사진에는 yyyymmdd_hhmmss.jpg라는 이름이 붙여진다. 연월일_시분초를 의미한다. 따라서 나중에 보더라도 언제 촬영한 사진인지 쉽게 식별이 가능하다.

나는 Canon EOS 6D Mark II 라는 풀프레임Full Frame 카메라를 사용하는데 파일 이름이 단순히 IMG_nnnn.jpg라는 식으로만 되어 있어 이름만 봐서는 언제 찍은 것인지 식별이 안 된다.

게다가 이 두 종류의 사진을 하나의 폴더에 합쳐 놓으면 보통은 촬영 시간 순으로 정렬이 되지 않는데, 이럴 때는 컴퓨터 파일관리자에 표시되는 항목에 '찍은 날짜'를 추가해서 이 순서로 배열하면 된다.

이름	찍은 날짜	수정한 날짜	유형	크기
20220906_111837.jpg	2022-09-06 오전...	2022-09-07 오전 2:18	JPG 파일	1,561KB
20220906_111843.jpg	2022-09-06 오전...	2022-09-07 오전 2:18	JPG 파일	1,218KB
20220906_125850.jpg	2022-09-06 오후...	2022-09-07 오전 3:58	JPG 파일	1,855KB
IMG_2675.JPG	2022-09-06 오후...	2022-09-06 오후 2:51	JPG 파일	4,591KB
IMG_2679.JPG	2022-09-06 오후...	2022-09-06 오후 2:52	JPG 파일	5,035KB
20220906_202318.jpg	2022-09-06 오후...	2022-09-07 오전 11:23	JPG 파일	2,146KB
20220906_202336.jpg	2022-09-06 오후...	2022-09-07 오전 11:23	JPG 파일	1,611KB
IMG_2747.JPG	2022-09-06 오후...	2022-09-06 오후 8:46	JPG 파일	5,032KB
IMG_2748.JPG	2022-09-06 오후...	2022-09-06 오후 8:46	JPG 파일	4,983KB

사진.RV 사진.RV 검색

이렇게 정렬된 사진 파일 중에서 마음에 들거나 잘 나왔다고 생각되는 사진을 골라 적당한 이름 - 예컨대 **My Picks** - 의 폴더에 저장해 두면 사진을 더욱 효과적으로 관리할 수 있다.

디지털 앨범 Digital Photo Frame, DPF

요즘은 세월의 흐름이 워낙 빨라 해외 여행을 다녀와서 불과 몇 주만 지나도 지난 일들이 쉽게 잊히곤 한다. 이럴 때 DPF를 준비하면 아주 좋다.

여행 중에 찍은 사진 중에서 좋은 사진을 골라 **USB** 또는 **SD** 카드에 담아서 꽂아 놓으면 들어있는 모든 사진을 일정 간격

으로 재생해 주는 장치다. 당연히 재생 간격을 조절할 수 있으며, 배경음악도 넣을 수 있다.

아침에 켜지고 저녁엔 꺼지도록 설정할 수도 있으며, 종류에 따라 클라우드에 사진을 올려놓고 가족 간에 공유할 수 있는 제품도 있다.

크기는 8 또는 10인치가 일반적인데 내가 써보니 8인치는 좀 작다는 느낌이다.

나만의 마그넷Magnet 액자

우리집 대문과 벽에는 여행지에서 사 온 마그넷이 상당히 많이 붙어 있다. 우리 부부가 사온 게 대부분이지만 애들도 보태서 지금은 제법 많은 면적을 차지한다. 언젠가부턴 마그넷을 좀 덜 사게 되었는데 캐나다 로키 여행에선 나만의 마그넷 액자를 만들려고 작정을 하고 아예 구입하지 않았다.

왼쪽 사진은 사진을 마그넷 크기로 줄여서 아크릴 액자에 인쇄한 것이다. 관심있는 독자는 사진관의 전문가와 상의해 보기 바란다. 원본의 해상도를 유지하기 위해서는 디지털 사진 파일을 다루는 기술이 좀 필요하다.

나는 와인전문가는 아니다. 지금은 은퇴를 했지만 굳이 전문분야를 따지자면 정보기술IT 전문가다.

그런데 살다 보니 와인을 즐겨 마시게 되어 그 오묘한 맛을 조금은 알게 되었고, 개인적으로 책을 구해 공부도 하게 되었다. 이런 까닭에 와인에 대해 체계적이고 깊이 있게 아는 것은 아니지만 그런대로 와인을 즐길 수 있는 수준은 충분히 된다고 생각한다.

사람들은 와인을 왜 마실까?

내 경우를 말하자면 우선 그윽한 향과 영롱한 색깔부터 마음을 들뜨게 한다. 와인을 한두 모금 마시고 나면 술 기운이 머릿속부터 시작하여 온 몸에 퍼지면서 기분이 느긋해진다. 힘든 일, 신경이 많이 쓰이는 일을 마친 후 와인 한 잔 하고 나면 긴장과 몸에 쌓인 피로가 조금씩 풀려 감을 느낀다. 함께 마시는 사람과의 대화도 훨씬 부드러워지고 때론 평소보다 속 깊은 대화를 나누기도 한다.

그런데 사실 이런 이유들보다 더 큰 까닭이 있으니 와인은 음식 맛을 좋게 한다는 점이다. 좋은 음식은 와인을 부르고, 와인은 음식 맛을 '당긴다!' 누가 나에게 밥을 먹을래 와인을 마실래 하고 물으면 나는 두말할 필요도 없이 와인을 선택한다.

캐나다 로키와 같이 멋진 곳을 여행하면서 하루 일정을 마치고 맛있는 음식을 보며 와인의 코르크를 따는 일은 참으로 큰 기쁨 중 하나다.

이러한 기쁨을 독자 여러분과 함께 나누고 싶다는 바람에서 와인을 즐기는 방법을 간단히 소개하고자 한다.

좋은 와인 고르는 법

가장 쉬운 방법은 휴대폰앱을 이용하는 것이다. 내가 쓰는 앱은 Vivino다. 앱을 열고 카메라를 선택하여 와인의 라벨Label; Etiquette이라고 부른다을 비추면 Vivino를 이용하는 수많은 사람들이 평가한 평점과 전세계 평균가격을 보여준다. 카메라가 잘 인식하지 못하면 와인 이름을 입력하면 된다.

나는 평점 3.6이하는 사지 않는다. 평점이 3.7~3.9이고 $20 이하면 고려 대상이다. 만약 4.0이 넘는데 $20 내외면 최소한 한 병은 집는다. 4.0을 넘으면 이때부턴 값이 많이 오른다. 지수 함수Exponential Function 모양으로 비싸진다.

와인을 판매하는 사람들이 빼놓지 않고 하는 말이 있다. "Vivino Score가 다 믿을 것은 못 된다." 당연한 말이다. 하지만 특별한 정보가 없어 막막할 때 이것만 있으면 크게 실수하거나 바가지 쓸 염려는 거의 없다.

일반적으로 좋은 와인을 고르는 상식 수준의 몇 가지 기준을 소개하면 다음과 같다.

- 알코올Alcohol 함량이 높은 와인
- 병이 무거운 와인
- 레드와인의 경우는 펀트Punt가 깊은 와인(펀트란 와인 병 밑의 쏙 들어간

부분을 말한다.)

● 병꼭지를 싸고 있는 Foil이 PVC 보다는 알루미늄으로 된 와인

두 종류의 같은 와인인 경우 아무 표시도 없는 와인보다는 Reserve 또는 Reserva라고 쓰인 와인이 더 좋은 와인이다.

코르크를 열고 봤을 때 플라스틱 코르크를 사용했으면 대부분 저렴한 와인, 톱밥을 뭉쳐서 만든 코르크면 보통, 참나무 껍질로 만든 천연 코르크를 썼으면 상대적으로 고급와인이다. 최고급 와인은 100% 굴참나무 껍질로 된 천연 코르크를 사용하며 코르크에 와인 이름과 생산년도가 새겨져 있다.

코르크와 스크류캡Screw Cap에 대해서는 한 마디로 말하기 어렵다. 대부분의 호주와 뉴질랜드 와인과 요즘 나오는 미국 와인들은 스크류캡도 많이 쓴다. 호주의 Penfolds라고 하는 아주 고급 와인에도 스크류캡을 씌운다.

와인의 맛과 향을 느끼면서 마시는 방법

① 와인 잔을 들고 불빛에 비추어 색깔을 살펴본다.

② 스월링을 한 다음 코를 잔의 가장자리인 림Rim에 대거나 더 깊숙이 넣어 와인의 향을 느낀다.

③ 잔을 들어 와인의 눈물이 내려오는 것을 관찰한다.

④ 한 모금 마신 후 입으로 후루룩~ 하면서 공기를 흡입한다.

⑤ 2~3초 잠시 숨을 멈춘다.

⑥ 입을 다물고 코로 숨을 길게 내뱉는다.

⑦ 머리 가득 와인의 향이 퍼지는 것을 느낀다.

여기서 ④ ~ ⑥번 과정이 핵심이다. 후루룩~ 소리를 내면서 마시면 다른 사람에게 좀 천박하게 보일 수도 있으니 주의한다. 어느 정도 숙달이 되면 소리가 안 나도록 하는 게 좋다.

다른 사람이 와인을 따라줄 때 주의할 점

- 와인을 따르는 동안 와인과 잔, 따르는 사람을 바라보면서 간단한 대화를 나누며 관심을 표명한다.
- 윗사람이 와인을 서빙하는 경우 가만히 있기가 민망하면 검지와 중지를 V자 모양으로 해서 와인 잔의 베이스Base에 가볍게 갖다 댄다.
- 이 때 잔을 손으로 잡고 들지 않는다.

와인을 따르는 요령

- 와인 잔과 병 끝 사이에 약간의 거리를 두어서 잔에 거품이 생기도록 따른다.
- 잔을 받는 사람의 오른쪽에서 따른다.
- 잔의 변곡점에 약간 못 미치도록 따른다.
- 병을 오른쪽으로 살짝 돌리면서 멈추면 병의 주둥이를 따라 와인이 흐르는 것을 줄일 수 있다.
- 따르고 남은 와인을 냅킨을 사용하여 닦으면 깔끔하게 마무리된다.

와인 잔

와인 잔 각 부분의 명칭은 오른쪽 그림과 같다.

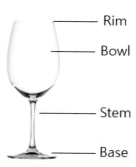

용어 설명

- 스월링Swirling : 와인을 잔에 따른 다음 시계 방향 또는 반시계 방향으로 빠르게 돌려서 와인의 향이 잔의 보울Bowl 안에 가득 차도록 하는 행위로서, 잔을 바닥에 놓고 돌리기도 하고 손으로 들고 돌리기도 한다. 이때 와인 잔의 보울이 아닌 스템을 잡으면 스월링 하기도 좋고, 손자국이 묻어 잔이 더럽혀지지도 않으며, 체온으로 인해 와인의 온도가 올라가지도 않는다.

- 와인의 눈물Tear : 스월링을 하면 잔 내에 들어있는 와인이 출렁거리면서 잔의 위 부분까지 닿았다 아래로 흘러내리게 된다. 이때 와인의 점성으로 인해 천천히 내려오면서 마치 눈물이 흘러내리는 것 같은 모양을 만들어 내는데 이를 와인의 눈물이라고 한다. 대체로 천천히 흘러내려서 눈물이 오래 남는 와인이 좋은 와인이다.

와인의 도수

와인의 알코올 함량을 말한다. 보통 13~14.5도(또는 %)다. 13도보다 낮은 와인은 싸구려일 가능성이 높다. 14도를 넘는 와인을 고르면 실패할 확률이

적다. 그 이유는 포도의 당분이 알코올로 바뀌는 과정인 발효와 관련이 있는데, 일반적으로 단 포도로 만든 와인이 도수가 높다.

와인의 구분과 포도 품종

여러가지 기준이 있을 수 있으나 가장 일반적인 것은 색깔에 따라 구분을 하는 것으로 Red, White, Rose로제, Sparkling Wine 등으로 나눈다.

대표적인 Red 와인의 품종으로는 Cabernet Sauvignon까베르네 소비뇽, Merlot메를로 또는 멀롯, Pinot Noir피노누아, Shiraz쉬라즈(또는 Syrah쉬라) 등이 있다. White 와인의 품종으로는 Sauvignon Blanc소비뇽 블랑, Chardonnay샤르도네 또는 샤도네이, Riesling뤼슬링 등이 있다.

일반적으로 Red 와인은 빨간색이 나는 육류와 잘 어울리고, White 와인은 생선류와 매칭이 잘 된다고 하는데 여행 중에 와인을 즐기는 데는 크게 중요한 건 아니라고 본다.

와인의 맛과 향

와인의 대표적인 맛으로는 단맛과 신맛, 떫떠름한 맛Dry 등을 꼽을 수 있는데 Red 와인이건 White 와인이건 초보자들은 대체로 단맛을 선호하고, 와인을 마셔본 경험이 좀 있는 사람들은 떫은 맛과 신맛을 더 고급으로 친다.

향은 설명이 어렵다. 다만, 좋은 와인은 향이 부드러우면서도 진하며 오래가고, 싸구려 와인은 향은 없고 알코올만 있다.

$10 이하의 와인 중 향이 있는 와인은 드물다.

마시기 좋은 와인 온도

Red 와인은 실온에 두고 마셔도 되지만 가능하면 마시기 전에 섭씨 15~18도를 유지하는 것이 좋고, White 와인은 10도 이하로 유지해야 더욱 상큼한 맛을 낸다. 특히 White 와인이나 Sparkling 와인을 즐기기 위해서는 적정 온도 유지가 매우 중요하다. Red 와인을 너무 차게 보관하면 맛을 느끼기에 좋지 않다.

캐나다 로키의 와인 매장

캐나다에서는 수퍼마켓에서 와인을 팔지 않으며, 수퍼마켓에서 운영하는 와인 가게라도 매장은 대체로 별도의 공간에 있다.

구글지도에서 'Liquor Store'로 검색이 가능하다.

04

캐나다 RV 여행
참고 용어

※ 본문에서 언급되지 않은 용어는 빨간색으로 표시

용어	설명	상세 설명
3 Way Refrigerator	3가지 방식 냉장고	110V 전기 · LP가스 · 배터리 등 3종의 동력을 사용하는 냉장고
Additional Driver	추가운전자 비용	계약자 외에 다른 사람이 운전자로 추가되는 경우의 수수료
Add-On	추가 항목	RV 렌트 시 기본 항목 외에 추가로 비용을 지불하는 항목
Airport Pick Up	공항 영접 서비스	계약자를 공항에서 RV 주차장까지 데려다 주는 서비스
Awning	그늘막	RV에 부착된 햇빛을 가리기 위한 차양막
Bedding & Linnen	침구류	베개, 이불, 이불 커버 등의 패키지
Black Water	화장실 오수	화장실에서 나오는 오물
Bunk Bed	벙크베드	2층으로 된 침대(= Bunker Bed)
Camper Van	캠퍼밴	밴을 개조한 미니 RV
Campground	캠핑장	캠프사이트들이 모여있는 곳
Camping Car	캠핑카	RV를 우리나라에서 호칭하는 이름
Campsite	캠프사이트	한 대의 RV를 주차할 수 있는 공간
CanaDream	CanaDream	캐나다 최대의 RV 렌트업체

CDR	차량파손비경감보험	차량 파손 시 일정 금액까지만 운전자가 부담하는 보험
CDW/LDW	차량파손면책보험	렌트한 차량이 파손돼도 운전자는 책임이 면제되는 보험
Chassis	차대	엔진룸에서 차의 뒤쪽 끝까지, RV의 생활공간이 올라가는 부분
Check-in	체크인	바우처(예약확인서)를 티켓으로 바꾸는 절차
Cleaning Fee	청소비	차량 반납 시 별도로 받는 청소비. 업체별로 기준이 다름
Combo Ticket	통합입장권	여러 종류의 티켓을 묶어서 할인 판매하는 티켓
Cruise Canada	Cruise Canada	CanaDream 다음으로 규모가 큰 RV 렌트업체
Deductible	계약자부담금	사고 발생 시 계약자가 책임지는 최소한의 부담금
Delivery Fee	RV 배달 수수료	RV를 빌리는 사람이 원하는 곳으로 갖다 주는 비용
Discovery Pass	캐나다국립공원패스	캐나다 국립공원 연간 이용권
Drivable	모터홈 RV	자체 동력을 갖추고 있어서 운전이 가능한 RV
Dump Station	오수처리장	오수를 버릴 수 있도록 처리 시설이 갖춰진 장소(= Sanistation)
Dumping	오수 버리기	RV에 모여진 오수를 버리는 작업
Early Pick Up Fee	조기픽업 수수료	정해진 시간보다 일찍 픽업할 때 지불하는 수수료
Extra Mileage	추가운행거리	기본적으로 제공되는 운행 거리 외에 별도로 구입하는 옵션
Fire Permit	화덕사용허가증	화로 사용을 위한 허가증. 일부 캠핑장에선 별도로 요구
Fire Pit	화덕	캠핑장에서 불을 피우도록 쇠막대기로 둘러싸인 구덩이
Fire Starter	불쏘시개	장작에 불을 쉽게 붙이기 위한 일종의 화약
Floor Plan	평면도	RV 실내공간의 배치 평면도
Fresh Water	식수	RV에 공급되는 물의 총칭
Full Hook-up	완전훅업	전기, 물, 오수처리 시설을 갖춘 캠프사이트

GC Key 계정	정부기관 공용 계정	*Government of Canada* 공용 계정과 그 비밀번호 시스템
Generator	발전기	*RV 실내공간에 필요한 전기를 생산하는 장치*
Generator Usage Fee	발전기사용료	*발전기Generator 사용 시간에 따라 추가로 지불하는 비용*
Glacier	빙하	*눈이 쌓여 굳어진 후 흘러내리는 얼음 덩어리*
Gray Water	일반 오수	*싱크, 샤워실 등에서 나오는 오물*
Hook-up	훅업	*전기, 물, 오수처리 시설 등과 RV를 연결하는 방식*
Kilometer Package	운행거리옵션	*기본으로 허용되는 운행 거리외에 추가로 구입하는 옵션*
Kitchen Kit	부엌용품	*칼, 스푼/나이프, 접시 등 주방용품 세트*
Late Drop Off Fee	반납지연 수수료	*정해진 시간보다 늦게 반납할 때 지불하는 수수료*
Levels Tester	레벨 테스터	*RV내 자원의 잔량을 점검하기 위한 측정기*
Liability	책임보험	*운전 중 사고 발생에 대비해 운전자가 드는 최소한의 보험*
Lyft	리프트	*우버와 비슷한 차량 공유 플랫폼*
Maps Me	맵스미	*오프라인에서도 사용 가능한 디지털 지도 앱*
Maxi Motorhome	맥시 모터홈	*27~29' 크기의 모터홈*
Midi Motorhome	미디 모터홈	*24~26' 크기의 모터홈*
Motor Home	모터홈	*사람이 탑승하여 운전하는, 자체 동력을 갖춘 형태의 RV*
One Way Fee	일방향수수료	*차를 픽업한 곳과 다른 곳에 반납하는 비용*
PAI	대인보상보험	*운전 중 발생한 상해사고를 보상하는 보험*
Park & Ride	환승센터	*개인 차를 주차해 두고 셔틀버스로 갈아타는 지점*
Partial Hook-up	부분훅업	*전기·물·오수 등 세 가지 자원 중 어느 하나라도 부족한 경우*
Prepayment	선지급 처리비	*오수처리, 연료주입 등을 렌트회사에서 처리할 때 지불하는 비용*

Rear View Camera	후방감시카메라	주차 편의를 위해 차량 후방에 설치된 카메라
Registration Office	관리사무소	캠핑장 도착 후 등록을 하면 캠프사이트를 배정해주는 장소
Road Side Assistance	도로변 도우미	운행 중 발생하는 사소한 고장을 신속 처리해 주는 보험 패키지
RV	Recreational Vehicle	침대, 요리시설, 화장실, 샤워실 등을 갖춘 레저용 차량
RVezy	RVezy	Air B&B 형식의 RV 렌트업체
Saver 2/4/6	Saver 2/4/6	2/4/6인이 잘 수 있는 크기의 미니 RV
Security Deposit	차량임대보증금	RV 렌트 시 차량 파손에 대비하여 미리 지불하는 비용
Slide-out	확장설비	공간을 늘리기 위해 차의 일부 공간을 확장하는 시설
Theft Protection	차량도난면책보험	차량 도난 시에도 운전자는 책임을 면하는 보험
Ticket	티켓	예약확인서를 보여주고 시설의 이용을 위해 받는 표
Ticket Counter	티켓판매소	티켓도 팔고, 바우처를 티켓으로 교환도 해주는 장소
Toilet Chemicals	중화제	화장실 변기 내 오물을 중화시켜 냄새를 줄여주는 액체
Towable	견인식 RV	다른 차량이 끌어줘야만 이동이 가능한 RV
Trailer	트레일러	다른 자동차가 끌고 가거나 차 위에 얹혀 있는 형식의 RV
Voucher	예약확인서	인터넷으로 예약했음을 증빙하는 서류
Waste	오수	일반오수Gray Water와 화장실오수Black Water로 구분
Water Heater	온수기	뜨거운 물을 공급하기 위한 장치
Water Pump	워터펌프	설거지, 샤워 등을 위해 물을 끌어올려 주는 전기장치
Windshield Protection	유리창파손면책보험	차량 앞유리 파손 시 면책되는 보험
Winnebago	위네바고	미국의 RV 전문 제조업체

대한민국 상위 1%만이 즐기는 아주 특별한 경험

캠핑카로 떠나는 캐나다 로키 여행

1판 1쇄 발행   2023년 5월 25일
1판 2쇄 발행   2023년 8월 1일

지은이   최병일
펴낸이   유영택
펴낸곳   도서출판 니어북스
등 록   제2020-000152호
주 소   서울시 송파구 거마로 29
전 화   02-6415-5596
팩 스   0503-8379-2756
블로그   blog.naver.com/nearbooks
인 쇄   void
ISBN   979-11-977801-4-1 (13980)

니어북스는 독자 여러분의 소중한 원고를 환영합니다.
언제든 이메일(nearbooks@naver.com)로 문의 주세요.